AF282618

Wolfgang Hasenpusch

CHEMIE

in Cartoons und Aphorismen

Impressum

FSC
www.fsc.org
MIX
Papier aus ver-
antwortungsvollen
Quellen
Paper from
responsible sources
FSC® C105338

Bibliografische Information der Deutschen
Nationalbibliothek:
Die Deutsche Nationalbibliothek verzeichnet diese
Publikation in der Deutschen Nationalbibliografie;
detaillierte bibliografische Daten sind im Internet über
http://dnb.dnb.de abrufbar.

© 2024 Wolfgang Hasenpusch (i.d.R. Sie bzw. Ihr Pseudonym)

Lektorat: Vorname Name oder Institution
Korrektorat: Vorname Name oder Institution
weitere Mitwirkende: Vorname Name oder Institution

Herstellung und Verlag: BoD – Books on Demand,
Norderstedt

ISBN: 9783759703705

CHEMIE in Cartoons und Aphorismen

Wer vierzig Jahre als Chemiker gearbeitet hatte, und alle Höhen und Tiefen an Universität, in der Industrie, im fernen Ausland so wie in nationalen und internationalen Gremien kennenlernen durfte, der hat auch viel erlebt und kann darüber erzählen.

Das will ich gerne machen!

Allerdings verfasse ich meine Eindrücke und Schlussfolgerungen, nicht immer so ganz ernst gemeint, in Humorzeichnungen sowie in meinen geliebten Tripel-Versen mit drei Reimzeilen.

Der Beruf des Chemikers kann sich immer noch als einer der kreativsten, aufregendsten und vielseitigsten aller

Professionen herausstellen, obwohl sich in den vergangenen Jahrzehnten vieles an persönlicher Wertschätzung von außen her verändert hat.

Chemiker finden oft schwer einen gewünschten Arbeitsplatz. Sie müssen sich mitunter als Büttel von eitlen Geschäftsführern verdingen, die zwar fachlich weit unterlegen sind, jedoch vom Gehalt und Einfluss deutliche Überlegenheit genießen und lange intensiv studierte Akademiker deutlich in den Schatten stellen. Um dieser Diskrepanz aus dem Weg zu gehen, lassen sich Chemiker mitunter zu Geschäftsführer befördern. Ob sie mit dem Kompromiss auf ein erfülltes Leben zurückschauen können, ist fraglich.

Sich als begeisterter Chemiker an Hochschulen zu behaupten, ist auch nicht immer einfach. Vor allem dann nicht, wenn die Protektionen bekannter

Hochschul-Lehrer ausbleiben, die gewünschten Forschungsgelder fehlen und der Ruf von anderen Universitäten, trotz aller Anstrengungen, zu lange auf sich warten lässt.

Die Chemie hat sich in den letzten Jahrzehnten auch in der Ausstattung ihrer Laboratorien stark gewandelt: Von den einstigen großen Räumen mit gefliesten Tischen und Holz-Abzügen, voller Säuren, Laugen, Reagenzien - in der Luft ein Gemisch gasförmiger, verdampfender Chemikalien - hin zu gut klimatisierten, funktionalen Räumen mit Hightech-Gerätschaften, bedient nur von Spezialisten.

Prozesse werden auf Rechnern von Chemikern, Physikern, IT-Experten, Biologen und Ingenieuren entworfen und optimiert, Chemie-Meister „fahren" aus Leitständen riesige Anlagen-Komplexe, in denen nur noch wenige Chemiearbeiter und Ingenieure

Kontroll- und Wartungs-Aufgaben wahrnehmen.

Die berufliche Kreativität eines Vollblut-Chemikers bleibt da schnell auf der Strecke. Also müssen Ausgleichs-Felder her! Ich sehe das bei Kollegen, aber auch besonders bei mir: Externe Dozenten-Tätigkeiten, Dutzende von Patent-Anmeldungen, hunderte von Veröffentlichungen in diversen Chemie-Zeitschriften, Verfassen von Büchern, fordernde sportliche Hochleistungen sowie intensives Auseinandersetzen mit philosophischen Themen.

Das volle Potential eines exzellenten Chemikers ist nur noch selten gefragt. Daher habe ich wieder ein Buch erarbeitet. Ich hoffe, auch Sie finden Ihren Spaß daran und/oder schöpfen daraus Anregungen.

Hanau, April 2024

W. Hasenpusch

INHALT:

„Muss die Chemie jetzt schon so werben, wie einst die Atomindustrie?"

1. Chemie, eine faszinierende Wissenschaft

Das war die Chemie immer schon:
Eine unendliche Faszination
in schillernd vielfacher Dimension!

*

Chemie verzweigt in viele Bereiche,
wir erwarten mit ihr noch viele Streiche,
ohne Chemie vergeht nicht einmal eine
Leiche.

*

In der belebten und unbelebten Natur
stecken mehr Chemie, als nur eine
Spur.
Sie zu beherrschen, ist eine Prozedur!

*

Was wären wir ohne die Chemie?
Aus Pflanzen wurde die Pharmazie
mit naturwissenschaftlicher Phantasie.

*

Seit der Entdeckung aller Elemente
entstanden Millionen Chemie-Patente,
und das hat noch lange kein Ende!

*

Mit den vielen Katalysatoren
war die Chemie zwar neu geboren,
aber sie war noch nie verloren!

*

In der Chemie gibt es noch Vieles zu
erfinden,
wie sich Atom-Kombinationen neu
verbinden.
Dafür lohnt es, sich stets zu schinden!

*

Die Welt, ein Kaleidoskop der Chemie,
enthält noch Geheimnisse wie nie,
und Chemiker lüften sie mit Phantasie!

Der Chemie-Verband hat sich mit einer kindergerechten Werksführung nicht geziert

„ Es ist wieder eine Menge an
Analysen hereingekommen!"

Was hat Chemie, was andere
Wissenschaften nicht haben?
Ein Perioden-System mit vielen
Buchstaben,
hinter denen sich die verschiedensten
Elemente vergraben.

*

Seit der Entdeckung aller Elemente
entstanden Millionen Chemie-Patente,
und das hat noch lange kein Ende.

*

Mit den vielen Katalysatoren
war die Chemie zwar neu geboren,
aber sie war noch nie verloren!

*   *

Chemie hat etwas Magisches an sich:
In großen Teilen verläuft sie heimlich,
entzieht sich der Offenbarung
unweigerlich.

*

Die Chemie musste viel Lehrgeld
bezahlen,
wenn auch ihre Verbandsvertreter
prahlen;
Bei allen Erfolgen bereitet sie auch
Qualen!

*

Chemie ist die Lehre vom Aufbau,
Verhalten,
der Umwandlung und molekularem
Gestalten
sowie die vom ewigen Erkenntnis-
Erhalten.

*.

Man unterscheidet aus Tradition,
organische- und anorganische Sektion
sowie den physikochemischen Salon.

*

Heute ergänzt die klassische Chemie
Fächer, wie Physiologie, Pharmazie
sowie Biochemie und Ökotrophologie.

*

Kinder sollen mit Chemie Kontakt
kriegen,
damit ihnen Naturwissenschaften am
Herzen liegen
und nicht in die Ablehnung abbiegen!

*

Chemie hat viele Menschen nie
interessiert:
Sie ist umfangreich und kompliziert.
So fehlt Vielen das Verständnis, was
sie propagiert!

*

Chemie vollzieht sich milliardenfach,
auf unserem Globus leise, ohne Krach,
kein Fleck Erde liegt chemisch brach!

*

Auch in der Chemie gilt der
kategorische Imperativ,
sonst läuft einmal alles schief,
weil man sich nur auf Rendite berief!

*

"Aber Dr. Nobel, ich mache Ihnen
die Spektralanalyse auch, wenn
Sie mich nur darum höflich bitten!

Wenn sich Chemie auf ihre Leistungen beruft
und ihre Ethik als sehr hoch einstuft,
ist´s ehrenhaft, so sie sich weiter so behuft.

*

Die Chemie hat viele Facetten,
kann auch Fehlentwicklung retten,
ohne gleich ins Verderben zu jetten.

*

Die Chemie-Zukunft währt noch lange,
aber man wäre über sie nicht so bange,
hätte sie nicht Altlasten an der Wange.

*

„Chemie ist, wenn es stinkt und knallt!"
So erschien sie früher einmal halt,
als es um sie mit weniger Sorgfalt galt.

*

Chemie sagte: „Selbstverpflichtung"!
Kurze Zeit gab sie damit die Richtung,
für eine erholsame Gesetzeslichtung.

*

Chemie, die interessante Wissenschaft,
hat eine starke Überzeugungskraft,
aber die Motivation für Nachwuchs ist
grauenhaft!

*

In Medizin und Material-Wirtschaft
hat die Chemie Vieles geschafft,
wobei aber noch manche Lücke klafft!

*

Die Zukunft der Chemie heißt
Nachhaltigkeit!
Zum Teil ist der Weg dahin noch weit,
aber rechte Ideen kommen mit der Zeit!

*

Tausendfach ein neues Patent,
liefert die Chemie permanent:
Ein Wunder, wer sich da auskennt!

*

Industrie 04 heißt: Netzwerken!
Denn keiner kann sich alles merken,
aber nur so auch die Chemie stärken!

*

Erfindungs-Reichtum und Akribie
sowie Enthusiasmus und Phantasie
haben Schwerpunkte in der Chemie.

*

Chemie basiert auf Vertrauen!
Das kann man sich leicht versauen,
und Eingefrorenes lässt sich schwer
tauen!

*

Chemie, ebenso wie Physik,
sind Naturwissenschaften mit Musik,
mit Überraschungen und Phantastik.

*

Erdöl, ein wichtiger Rohstoff,
Kunststoffe wurden zu Textilstoff,
an Wolle sank der Bedarf recht schroff!

*

An den chemischen Synthesen
wird einmal die Welt genesen!
Das Wissen auch die Chinesen!

*

„Aber, Chef, das ist doch einer
Ihrer Verbindungs-Brüder!"

Ressourcen kommen aus aller Welt,
wo auch dort die Moderne Einzug hält
und in globale Wettbewerbe einfällt.

*

Begann einst die Chemie mit Narben,
entwickelte sie Sprengstoffe, Farben,
Lebensmittel, die kaum verdarben.

*

Textilfasern, Baustoffe, Elektrotechnik,
Legierungen, Katalysatoren, Elektronik,
die Chemie hat alles im Blick!

*

Chemie macht sich von der Natur
unabhängig,
bei Farben und Fasern vorrangig,
und wieder Mutterboden für die
Ernährung zugängig.

*

Die Chemie ergriff die Automation,
realisiert bei fast jeder Produktion,
in der Effizienz eine Revolution!

*

Massengesellschaften sahen einen Geist,
der auf eine skurrile Zukunft verweist,
was die „Chemie-Fabrik ohne Menschen" beweist.

*

Planwirtschaft und Automation,
ergänzt per Netzwerk-Kommunikation,
schaffen eine Umwälzungs-Situation!

*

In der einstigen atomaren Ära
hatten es Erdöl-Produzenten schwerer,
Verkehr und Chemie blieben Begehrer!

*

Mit der Industriellen Revolution
schuf die Chemie eine neue Dimension
als weltumspannende Sensation!

*

Die Menschen-Zahl und ihr Konsum
verzehnfachte das letzte Millennium,
ohne Chemie: ein Horror-Szenarium!

*

Mit Chemie stiegen die Hektar-Erträge,
neue fruchtsteigernde Erfolgswege,
als ob alles nur an der Düngung läge.

*

Kapitalismus in Sturm- und Drangzeit,
in Rockefellers, Fords, Borsigs Geleit,
trägt heute ein anderes Chemie-Kleid.

*

Der moderne Mensch ist kein
Revolutionär,
aber von der Chemie fordert er immer
mehr:
bessere Produkte mit Qualitäts-
Gewähr.

*

Wachstum ist an Chemie gebunden,
sie lässt kranke Menschen gesunden,
hat stets Innovationen gefunden.

*

Wir sollten eines nicht vergessen:
Chemie steckt in allen Prozessen!
Doch mitunter führt sie zu Exzessen!

„FEUERWERK! – Das ist Chemie pur!"

Mitarbeiter chemischer Unternehmen
sollten sich in der Freizeit bequemen,
nicht nur die Angebote der Freizeit-
Industrie in Anspruch zu nehmen!

*

Der strenge Umgang mit Gefahrstoffen
hatte die Industrie arg getroffen:
Viele Parameter standen noch offen.

*

Karzinogene Stoffe wurden lange als
harmlos dargestellt,
über CMR-Stoffe kein Urteil gefällt,
ignoriert oder gar vernebelt.

*

Nach Kohle, Gas und Atom-Energie
kamen Windmühlen und Solar-Quarz
der Chemie,
für Viele heute noch eine Utopie!

*

Reine Luft und sauberes Wasser:
Chemiker sind Verfahrens-Verfasser
für weniger sorgsame Erblasser.

Wenn Chemiker heiraten

Industrie-Ethik steht oft nur auf Papier
zu der Unternehmen Image-Zier,
so machen´s alle Firmen im Revier!

*

Vorbeugende Wartung in der Chemie
ist stets mit von der Planungs-Partie,
denn ungeplanten Geräte-Ausfall will
man nie!

*

Erweiterung der Chemie mit Filialen,
mit passenden Zukauf durch Zentralen,
sind verbreitet, mit eigenen Annalen.

*

Man sichert das erarbeitete Know-how
durch umfangreichen Patent-Ausbau,
aber Wettbewerber nehmen´s oft nicht
so genau!

*

Die weltweite Chemie
zählt zur Schlüssel-Industrie,
denn ohne sie gedeiht ein Staat nie!

*

Die Chemie ist auf diesem Planeten
in allen Gremien gut vertreten,
und haben sich Kritik stets verbeten.

*

Die Chemische Industrie vollbrachte
riesigen Aufschwung, da sie´s machte,
auch wenn es zuweilen mal krachte!

*

Die Deutsche Chemie ist global belegt,
aber meist mittelständisch geprägt,
in der sich eine Belegschaft von einer
halben Milliarde Mitarbeiter regt.

*

Der Weltmarkt der Deutschen Chemie,
liegt bei sechs Prozent, mit Phantasie!
Bei 25 % schaut China mit Ironie.

*

Die Chemie erlebte viele Fusionen:
Neue Partner, Felder, neue Personen!
Ob solche Umwälzungen wirklich
immer lohnen?!

*

Im 21. Jahrhundert geriet die Chemie in
die Krise:
Rezession bei Dünger, Farben, Fliese,
auch die Basis-Chemie ereilte diese!

*

Es gab 1995-2006 Personal-Abbau,
besonders in der Organik, sie lief flau:
Bei Spezial-Chemikalien: Minus 21.000
Mitarbeiter genau!

*

Zwar sucht die Chemische Industrie
schlaue Köpfe, gleich einem Genie,
in Grenzen aber hält sich dann ihre
Empathie!

*

Chemie lebt zwischen Wohlwollen,
das investierende Aktionäre zollen,
und stets neuen Erfolgs-Rollen.

*

In Hochkonjunkturen
hinterlässt die Chemie tiefe Spuren,
bei Flauten bedarf es diverser Kuren!

„Unermüdlich, der Einsatz
unseres Laborleiters!"

Auch die künstliche Intelligenz, die KI,
dringt längst schon in die Chemie,
denn was ist Chemie ohne Genie?!

*

Schon oft bediente sich die Industrie
Beratern mit vermeintlichem Genie,
sie halfen nur methodisch mit junger,
schwarz gekleideter „Kavallerie"!

*

Im globalen Nachhaltigkeits-Ranking
liegt die deutsche Chemie nicht im
Medaillen-Ring,
weil es ihr nur selten darum ging.

*

Die Wirtschaft der Chemie
braucht Rohstoffe und Energie!
Da hilft auch keine Phantasie!

*

Um die Jahrtausend-Wende
fesselte EU-Recht der Chemie Hände:
So sah sie oft bereits ihr Ende.

*

Chemie hat im Ärmel noch viele Asse!
So verliert sie nicht an Klasse,
und versorgt die breite Masse.

*

In der Lebensmittel-Industrie
kämpft die Lebensmittel-Chemie
gegen die Lebensmittel-Biologie.

*

Die vorhandene Sonnenenergie
transformiert man, dank Chemie,
in Strom, eine Überlebens-Strategie!

*

Zukunft basiert auf sicherer Elektrizität,
ein Bedarf in hoher Kapazität,
doch man kam darauf erst sehr spät!

*

Der sichere Transport von Strom
ist für die Chemie kein Phantom,
denn sie arbeitet daran lange schon!

*

Aus Angst vor Image-Verlust
verhindert die Chemie mit breiter Brust
Nachrichten über Schäden und Frust.

*

Manko in der chemischen Produktion
ist zurückhaltende Sicherheits-
Information,
zum Vermeiden einer Vergleichs-
Situation!

*

Chemie-Tagungen auf der ganzen Welt
verhandeln, was Chemie-Firmen gefällt
und was vor Herausforderungen stellt.

*

In Brüssel laufen viele Konferenzen,
bei denen Chemie-Vertreter kaum
schwänzen,
aber nicht immer mit Erfolg glänzen!

*

Chemie steckt in der gesamten Welt,
sorgt dafür, dass sie zusammenhält,
und uns keine Krankheit befällt.

- Ohne Worte -

Wie alles, hat auch die Chemie zwei Seiten,
repräsentiert von Chemikern, den gescheiten;
doch auch ihnen können Verfahren entgleiten!

*

Die Chemie hat gute und schlechte Seiten:
Während ihre Vertreter die schlechten bestreiten,
sind es die guten, die sie überall ausbreiten!

*

Drosselt die Chemie ihre Produktion,
sitzt man in einer wahren Rezession,
und das seit langem schon!

*

Sinkt die Produktion um 10 Prozent,
zeigt das: Die Chemiewirtschaft brennt,
was man „Nachfrage-Nachlass" nennt.

*

Der Weg der Chemie ist die Suche
nach der Welt,
wie sie sich tiefgründig darstellt,
auch wenn er mitunter schwer fällt.

*

Die Chemie hat viele Vollblut-Jünger,
schafft Drogen und wirksame Dünger,
aber mit keinem Lied preisen sie die
Meistersinger!

*

Die Chemie mit ihren 92 Elementen
Fällt zunächst schwer für Studenten,
später dankt man den erfolgreichen
Momenten!

*

Chemie zu studieren,
heißt: Stoff-Reaktionen ausprobieren.
Vor sicherem Arbeiten sollte man sich
nicht zieren!

*

Mit Chemie lässt sich verstehen,
wie Moleküle, Ionen zueinander gehen,
und Gase freiwehen.

*

Seit ihrer Anfangsblüte
betreibt die Chemie viele Gebiete,
durch Kreativität und in Güte.

*

Chemie verfügt über viele Potenziale,
Risiken gibt es aber auch fatale!
Das werfen Firmen kaum in die Schale.

*

Feststoffe haben diverse Strukturen,
die nach Baukasten-System spuren,
in unterschiedlichen Kristall-Konturen.

*

Chemie prägt die Gesellschaft,
intensiv und dauerhaft,
im Kontext mit ihrer Wirtschaftskraft.

*

Stirbt an der Low-Carb-Euphorie
und ihrer Umsetzungs-Hysterie
ein Teil der Organischen Chemie?

*

Was muss ein Chemiker verkraften?
Lern- und Beharrungs-Eigenschaften,
an anhaltender Kreativität zu haften.

*

In chemischen Großunternehmen
müssen sich Chemiker kaum schämen,
wenn sie hohe Gehälter nehmen!

*

Ein Geschäftsführer verdient mehr
als das beste Chemiker-Heer,
denn er ist „Vor-Gesetzter"!

*

Was wären wir ohne Chemie?
Wohlstand erreichten wir ohne sie nie,
fielen vielleicht sogar in Agonie!

*

„Ich unterscheide meine chiralen
Zwillinge Lisa und Rita an dem Ohr-
Schmuck links und rechts!"

Chemie ist ein kreativer Sport,
bricht an Innovationen manch´ Rekord
und setzt das auch in Zukunft fort!

*

Warum liebt die Chemie Schmeichler?
Auf jeden Fall bisher sehr!
Das bestätigt jeder ehrliche Leiter.

*

Chemie ist die Basis allen Lebens.
Aber trotz ihres großen Aufhebens:
Den Tod überlistet sie vergebens!

*

Einst wollten die Alchimisten
die Chemie zum Gold überlisten;
heut liegt sie in Händen von
Spezialisten.

*

Ohne Chemie wäre die Zivilisation
ein trauriger nackter Hohn,
ohne jede nachhaltige Evolution!

*

Mit der zunehmender Produktion
wuchs die Umwelt-Kontamination,
auch dagegen tritt Chemie in Aktion!

*

Stoffe im chemischen Sinn
sind Glas, Rost, Kupfersulfat, Zinn,
Holz, Kunststoff, Aceton und Coffein.

*

Chemie hatte einst einen guten Ruf,
den ein Heer exzellenter Chemiker
schuf.
Auch heute ist es ein Topp-Beruf!

*

Die Chemie hat viele Gesichter,
nicht nur glänzende Lichter!
Aber wer ist darüber schon Richter?!

*

Gefährdet die künstliche Intelligenz
der Chemie und Chemiker Präsenz
oder bleibt zukünftig eine Differenz?

*

Chemie hält noch so viel Neues bereit,
der Ideenschatz reicht noch lange Zeit,
das Ende der chemischen Forschung
liegt unendlich weit!

*

Der Chemie-Markt lehrt,
dass die Branche hohe Gewinne
einfährt,
was aber Ressourcen-Mangel und
Energie-Knappheit erschwert!

*

Recycling lässt uns an Rohstoffen
mit längerer Nutzung hoffen,
von ihrem Ende aber zeigen sich nur
wenige Menschen ernsthaft betroffen!

*

Von chemisch erzeugten Stoffen,
sind fast alle Produkte betroffen!
Sie sicher zu erhalten, bleibt zu hoffen.

*

Einst hatte Chemie Grundlagen gelegt,
war von zentralen Eliten geprägt,
die Zweifler mit Innovationen schlägt!

*

Die Chemie hat viele Ideen im Köcher,
stopfte damit manche Problem-Löcher;
die Zukunft gehört ihr noch und nöcher!

*

Doch wie wir es schon oft erlebt hatten:
Wo Licht ist, gibt´s auch Schatten
und endlose Verträglichkeits-Debatten!

*

Die moderne Chemie achtet die Natur,
ist neuen Verfahren auf der Spur,
in manch nachhaltiger Prozedur!

*

Ohne Chemie würden wir noch in der
Steinzeit kleben,
Menschen könnten in der Anzahl gar
nicht überleben,
denn es würde kaum hinreichend
Medizin und Nahrung geben!

2. Chemiker, ein vielseitiger Beruf

Tauschst Du für die Chemie alles ein,
musst Du ein Vollblut-Chemiker sein,
bist im Beruf jedoch oft allein.

*

Man sollte Profis niemals verkennen,
wie sich Chemiker zu recht so nennen,
da sie stets auf Innovationen brennen.

*

Chemiker teilen Liebe zu den Stoffen,
verbunden mit dem steten Hoffen,
die Welt der Chemie steht ihnen offen.

*

Chemiker sind verliebt in ihre Stoffe,
in farbige Kristalle oder ganz schroffe,
so man auf neue Erkenntnisse hoffe.

„So, Herr Dr. Kreisel, Sie glauben also unser Team mit dem Minimum-Fass vergleichen zu können!"

Chemiker landen in der Industrie,
vom Fahrzeugbau bis zur Chemie,
auch in Verwaltungen braucht man sie.

*

Des vielseitigen Chemikers Arbeitsplatz
beschränkt sich nicht auf Laboreinsatz,
sondern auch auf Arbeit mit
Helmbesatz.

*

Fallen Chemiker der Pyromanie
anheim,
gehen Fehlzündungen auf den Leim,
kommen sie zumeist sehr lädiert heim.

*

Mit Tests sammelt man Erfahrung,
für Chemiker professionelle Nahrung,
bei aller Vor- und Umsicht Wahrung.

*

Chemiker sind oft Individualisten,
die gerne alles über Stoffe wüssten,
sich jedoch nicht mit Können brüsten.

*

„Jetzt soll ich das wohl
wieder reinigen?!"

Betritt ein Chemiker sein Labor,
hat er meist etwas Neues vor,
und freudig hebt er die Kolben empor.

*

Die alten Alchimisten
wandelten einst auf schrägen Pisten,
blieben aber stets Optimisten!

*

Chemiker werden oft als Querdenker
gebucht,
sagen sie die Wahrheit, werden sie
verflucht.
So hat mancher das Weite gesucht!

*

Werden Chemiker, Biologen,
Mediziner, Pharmazeuten gesucht,
haben Firmen Inserate für Vertreter
gebucht,
aus Renommee, noch mit Dr.-Titel
betucht.

*

Wenn Chemiker als Vertreter für ein Produkt
umherziehen: Alles vorgedruckt,
ist ihr Beruf mit Ignoranz bespuckt!

*

Wenn Chemiker international tagen,
kommt die Jugend mit Befindlichkeitsfragen,
deren Auswertung Veranstalter oft versagen!

*

Wenn das Feuerwerk gen Himmel züngelt,
ein Feuerrad um das andere kringelt,
ist´s, als ob´s bei Chemikern hell klingelt.

*

Sportler halten ihre Pokale in die Luft.
Chemikern ist der Pokal ein neuer Duft
oder Stoffe in neuer molekularer Kluft.

*

„So ausgelassen habe ich Sie ja noch
   nie gesehen, Frau Dr. Seidel!"

Der Chemiker Zeichen und Sprache
ist nicht Jedermanns Sache,
denn sie ist keine so einfache!

*

Chemiker arbeiten als Dienstleister,
als Ergänzung für Industrie-Meister.
Geschäftsführer zeigen sich immer
dreister!

*

Haben Chemiker Familien gegründet,
Häuser gebaut, wo man sich heimisch
findet,
wird bald die Versetzung verkündet.

*.

Nicht nur im Lande erfolgen
Versetzungen,
auch Auslands-Einsätze werden
ausbedungen.
Da haben Chemikern schon Glocken
geklungen.

*

Unverhofftes Geschehen
kann man des Öfteren sehen:
In Labors im Handumdrehen!

Chemiker formulieren Ethik-Richtlinien
mit der Emsigkeit wie der von Robinien,
doch sie überwältigen Szenarien!

*

Wenn ein Chemiker durch den Betrieb
schreit,
ist es bei ihm mit der Moral nicht weit,
es sei, er wäre für warnendende Rufe
bereit!

*

Wenn der Chemiker auf ein Produkt
zielt,
und bei der Reaktion Ungeduld fühlt,
sich der Einsatz von Katalysatoren
empfiehlt!

*

Chemiker werden in Filialen eingesetzt,
mit den Zentralen mehr oder weniger
vernetzt,
sind aber oft wegen der Umstände
vergrätzt.

*

Wer als Chemiker eine Stelle sucht,
tut gut daran, wenn er sie bei den
Größten und Besten bucht,
weil er sonst gar über Fehlgriffe flucht.

*

24 Semester bis zur Promotion,
da rümpfen Personaler die Nase
schon,
denn es bleiben nur noch 30 Jahre bis
zur Pension.

*

12 Semester und 2 Jahre Postdoc in
den USA:
Da schreien alle Personaler „Hurra"!
Das Einstellschreiben ist schon am
nächsten Tag da!

*

Chemiker verdienen meist gutes Geld,
so man den Kopf für den Job hinhält,
sonst bestreiten Frust und Bossing das
Feld.

„Nun schalt´ doch endlich
das Rotations-Ding aus!"

Oft hört man Chemiker klagen:
Aus dem Labor heraus brachte ich ein
paar Verfahren zum Tragen,
aber dann musste ich mich mit
Banalem herumschlagen!

*

Ist man nicht zu Auslands-Einsätzen
bereit,
was die Chemie-Konzerne kaum freut,
hat man die Ablehnung oft bereut!

*

Chemiker haben viel nachzudenken,
über Projekte, die Kosten zu senken.
Auch haben sie ihre Aufmerksamkeit
auf die Sicherheit zu lenken!

*

Chemikern stehen Controller zur Seite,
Vorgesetzte, Personaler und Kaufleute,
meist in Chemie weniger Gescheite

*

Chemiker haben nicht studierten
Kollegen
ihr komplexes Wissen simpel
darzulegen,
damit sie keine Animositäten hegen!

*

Ist ein Chemiker gut gelaunt,
weil man über seine Synthese staunt,
kommt über seine Lippen manch´
fröhlicher Sound.

*

Chemiker können im Falle eines Falles
in Laboratorien und Technika fast alles,
sind Herr des Feuers und des Knalles!

*

Man bedient sich der Glasbläser-Kunst,
sie steht bei Chemikern in hoher Gunst,
ihnen gelingt sie kaum, trotz Inbrunst!

*

Chemiker stehen leicht vor Gericht,
befolgen sie ihre Aufsichtspflicht
sowie Regeln und Gesetze nicht!

„Wir sind stolz auf unser
Fachwerk-Labor!"

Einst studierten kaum Frauen Chemie.
Heute erkennen viele ihr Genie,
wie auch in Physik und Biologie.

*

Heute darf in Chemie-Hörsälen
eine Mehrheit an Frauen nicht fehlen,
die Spaß und Können nicht verhehlen.

*

Chemikerinnen finden Plätze in der
Industrie,
das trauten sie sich früher fast nie,
heute erkennt man ihr Händchen für
Chemie.

*

Die Sicherheits-Unterweisungen,
in Betrieben oft missmutig gelungen,
sind sie nicht von Fachkräften
ausbedungen!

*

Frauen werden mit Chemie glücklich,
das behaupten sie ausdrücklich,
und beweisen das augenblicklich.

*

Chemiker tragen hohe Verantwortung,
für Sicherheit und Schutz in ihrer
Umgebung:
Gut zu wissen, bei jeder Überlegung!

*

Verantwortung lässt sich nicht
delegieren,
aber Bosse haben oft die Manieren,
im Ernstfall den Kopf aus der Schlinge
zu manövrieren!

*

Chemiker unterliegen nicht nur im
Moment
der Ethik von "Sustainable
Development",
die auch "Responsible Care" benennt!

*

Chemiker, die Risiken verschweigen,
können Verbände anzeigen,
gefolgt von heftigen Ohrfeigen!

*

„Ich kann Ihnen versichern, dass wir
keinen Asbeststaub im Labor haben!"

Chemiker leiden und sind oft irritiert,
wenn sich keiner für ihre Dr.-Arbeit
interessiert,
haben sie sich doch jahrelang
echauffiert.

*

Chemiker sind oft der Firmen Spielball,
wenn ihre Abteilung schließt, auf Knall
und Fall,
stehen sie auf der Straße und schauen
ins All!

*

Chemiker erleben eine Umorganisation
nach der anderen,
müssen von Ort zu Ort wandern,
fühlen sich, wie auf Kalandern.

*

Geht ein Chemiker in einen fremden
Betrieb,
hat das der Betriebsleiter gar nicht lieb,
weil es ihn in fremdes Terrain trieb.

*

Chemiker sind oft ziemlich eigen,
reihen sich in elitäre Reigen,
weil sie höchste Kreativität zeigen.

*

Wenn Chemiker in Unternehmen
hierarchisch aufsteigen,
haben sie wissenschaftlich nichts mehr
vorzuzeigen,
weil sie nur noch das Lied der
Aktionäre geigen.

*

Verbleiben Chemiker im Labor,
hätten sie wissenschaftlich viel vor,
doch fast jeder die Lust darauf verlor!

*

Kündigungsschutz für wenige Jahre,
für ältere Chemiker nicht das Wahre,
denn die Zukunft verliert das Klare.

*

Chemiker müssen stets belesen sein,
denn immer Neues bricht herein,
und ohne Sprachen bricht man ein.

Als beflissene Pharma-Vertreter
kämpfen Chemiker um jeden Meter
gegen Apotheker- und Ärzte-Gezeter!

Analytiker arbeiten äußerst penibel,
sind gewissenhaft und sehr sensibel,
notieren alles in ihrer Labor-Fibel.

*

3M, Accenture, Adobe müssen sich
nicht schämen,
sie gelten als ethische Unternehmen:
Dort finden Chemiker gute Themen!

*

Mit Chemie-Unternehmen, die ihre
Mitarbeiter nicht gut behandeln,
sollten Chemiker nicht anbandeln,
besser ist´s, mit anderen Firmen zu
verhandeln!

*

„Mädels für alles" sind Chemiker nicht!
Das rückt auch Firmen ins Gesicht,
bei denen die Personal-Politik ist etwas
zu schlicht!

*

Chemiker haben eine lange Lehre
hinter sich.
Mit ihnen Karriere-Experimente zu
veranstalten, ist schändlich!
Sie in Verzweiflung zu bringen,
geradezu jämmerlich!

*

Chemiker sind gut beraten,
nicht Hals über Kopf in schlechte
Unternehmen zu geraten!
Bei zu offensichtlich werbenden Firmen
riechen sie hoffentlich den Braten!

*

Chemiker! - Hände weg von Dax-
Verlierern,
zählen sie auch zu den größten Image-
Verzierern,
Karrieren dort werden zu
Rohrkrepierern.

*

Für Chemiker gibt es viele Kongresse,
alle drei Jahre die DECHEMA-Messe;
und Vieles entnimmt man der Presse.

„Für den Laborkittel ist er doch
noch viel zu klein, Herbert!"

Gute Chemiker verdienen gute
Behandlung
und keine miese Karriere-Wandlung,
schon gar nicht Berufs-Verschandlung!

*

Es gibt Controller, die gegen Chemiker
hetzen
und dauernd ihr Image verletzen,
um selbst deren Posten zu besetzen!

*

Wenn Firmen Mobbing kultivieren,
Chemiker so den Verstand verlieren,
sollte man sie vor Gericht zitieren!

*

Forschungs-Chemiker ohne Ideen,
wollen Erfolge in Betrieben nicht sehen
und torpedieren Betriebs-Geschehen.

*

Chemiker sind auch nur Menschen
und hängen ihr eigenes Fähnchen
an verschiedene Bändchen!

*

Chemikern mit langem Ausbildungsweg
Kommt das hektische Kaufmanns-Volk
mitunter schräg:
Neid und Ehrgeiz sind dafür Beleg.

*

Chemiker haben schweren Stand,
sind sie eines Kaufmanns rechte Hand,
ausgenutzt werden Wissen und
Verstand!

*

Wer sich „Ehrlicher Kaufmann" nennt,
meint, dass ein Chemiker keine
Verschlagenheit kennt,
wo doch seine Alarmleuchte brennt.

*

Edelmetall-Chemiker müssen ein
schnelles Recycling bestreiten,
quantitative Verfahren bereiten
und penibel Kosten kalkulieren für die
Durchlaufzeiten.

*

„Mein Patent zu einem Misch-Jojo!"

Auch Chemiker brauchen Vertrauen
und Orientierung,
müssen auf ihr Unternehmen bauen,
werden tatsächlich aber von allen
Seiten verhauen!

*

Chemiker müssen sich weiterbilden,
sowohl in den eigenen Gilden,
als auch in angrenzenden Gefilden.

*

In Seminaren ist es oft verboten,
leitende Nicht-Chemiker zu benoten:
Manche kämen sich vor, wie Idioten.

*

Weiterbildung ist der Chemiker Pflicht!
Die Praxis alleine bringt es nicht:
Stets kommt Neues in Sicht!

*

Chemiker sollten sich nicht genieren,
ihre Erfahrungen zu publizieren:
Kollegen können davon profitieren!

*

Chemiker sollten Glasgeräte-Blasen
professionellen Bläsern überlassen!
Die Thüringer zählen zu den besten
aller Klassen!

*

Noch heute kennt - ernsthaft -,
kaum ein Chemiker jede Eigenschaft
von den Produkten seiner Gesellschaft!

*

Willst Du große Karrieren schmieden,
hast Logen-Beitritt nicht vermieden,
ist Dir großer Einfluss beschieden!

*

Werden Chemiker zu langen Sitzungen
eingeladen, genötigt, gezwungen,
haben sie sich die Zeit abgerungen!

*

Chemiker müssen gut unterweisen:
Da läuft nichts auf schmalen Gleisen,
schon gar nicht im Vorbeireisen!

*

Wenn Chemiker ihre Talente ausweiten

Ältere Chemiker dienen als Berater,
helfen gezielter und akkurater,
auf ehrenamtlicher Basis und privater.

*

Chemikern gelingt einiges an Dingen:
Farben, Kunststoffe, Rasierklingen,
die uns Annehmlichkeiten bringen!

*

Chemiker jonglieren mit Molekülen
zu immer neuen Struktur-Zielen,
zum Schutz von Mensch und
Automobilen!

*

Quer- und kreative Andersdenker
laufen leicht in die Hände der Henker,
besonders in die der Bänker!

*

Sind Chemiker zur Publikation bereit,
aus Pflichtgefühl oder Eitelkeit:
Information gehört zu ihrer Arbeit!

*

Chemiker müssen ihre Firma vertreten,
dürfen sich bei Kunden nicht verspäten!
Sie repräsentieren den „Fisch", nicht
die Gräten!

*

Mit der Chemie ihrer Produkte kennen
sie sich aus,
repräsentieren toll ihr Firmen-Haus,
lassen aber nur die Vorteile heraus!

*

Chemiker ins Abseits zu setzen,
muss ihren Erfindergeist zerfetzen
und den ganzen Menschen verletzen!

*

Geht ein Chemiker-Team zum Essen,
diskutiert es eifrig unterdessen,
ob ihre Chemie-Ideen nicht vermessen.

*

Chemiker durchschauen die Materie,
sehen Molekül-Ketten in Serie,
wie in einer Kunst-Galerie.

*

Früher gaben Chemiker große Taten
bescheiden von sich! –
Heute werden auch Kleinigkeiten
lauthals proklamiert!

Chemiker, die sich für Zucker-Chemie interessieren,
wissen, dass Zucker schlecht kristallisieren,
auch wenn sie es öfters probieren!

*

Chemiker haben die Natur zu achten,
auch wenn sie zig Fehlgriffe machten,
die uns große Schäden brachten.

*

Chemiker müssen sich verlassen,
auf Ingenieure, die Normen erfassen
sowie auf Vorgesetzte mit Fairness in allen Klassen!

*

Leiten Chemiker in großen Betrieben,
haben sie ihre Chemie abgeschrieben,
denn es erwachsen andere Vorlieben!

*

Der ehrgeizige Chemikalien-Vertrieb
schaut erwartungsvoll auf den Betrieb,
denn zügige Qualitätsarbeit ist ihm lieb!

*

Des Chemikers Universitätswissen
wird im Beruf schnell zerschlissen:
Er ist mehr in Wirtschaft beflissen!

*

Schwörst du Stein und Bein,
nichts anderes als Chemiker zu sein,
bist du vermutlich bald allein´!

*

Welcher Chemiker kennt sich schon
aus mit allen Stoffen?
Welcher Chemiker kann schon auf den
Erhalt seiner Gesundheit hoffen?
Auch die berufliche Karriere bleibt völlig
offen!

*

Chemiker können ihre Arbeitgeber
aussuchen,
angemessenes Wohlwollen verbuchen!
Andernfalls müssen sie weitersuchten.

*

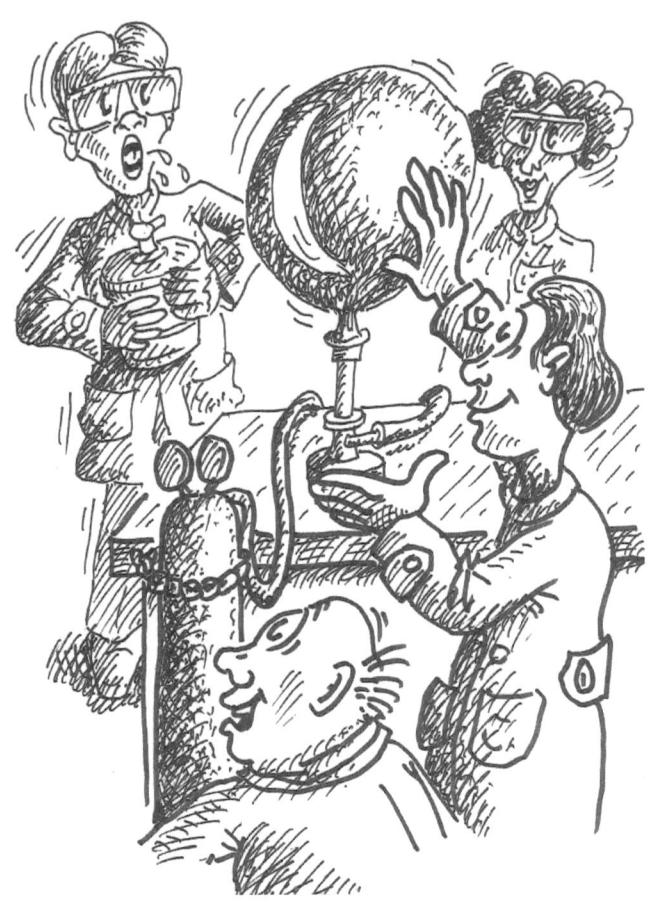

„Ach, ja! – Haben die Herren Chemiker
wieder ihre Spielstunde?!"

Für Chemiker mit vielen Talenten
liegen alle Chancen auf den Händen:
Ihr Können wollen sie nicht einfach
verschwenden!

*

Wer zehn Jahre hart studiert,
wird leicht von der Industrie hofiert,
ist aber sauer, wird er später diffamiert!

*

Chemiker verstehen viel
von ihrem irdischen Domizil,
sind eifrig und mehrseitig agil!

*

Manche Chemiker singen im Labor,
alleine, als ein leiser Tenor,
spielt im sein Gemüt Zuversicht vor.

*

Geleitet von neugierigen Gefühlen,
treibt´s Chemiker zu neuen Molekülen,
und nichts hält sie auf den Stühlen.

*

Was ein Chemiker zusammenbraut
und molekular zusammenbaut,
ist zumeist, was er genau überschaut!

*

Wenn ein Techniker als Chef über
Chemiker prahlt
und Chemiker schlechter bezahlt,
ist die Firma hierarchisch „verstrahlt"!

*

Wenn Controller mit bitteren Mienen
mehr als alte Chemiker verdienen,
laufen die Vergütungen auf falschen
Schienen!

*

Wo sind die alten Chemiker geblieben?
Jahrelang arbeiteten sie in Betrieben,
Konzerne haben sie abgeschrieben!

*

Ein Chemiker ohne Führungs-Qualität,
tut gut, wenn er sich berät,
damit er nicht ins Autoritäre gerät!

*

Warum behält man kreative Chemiker
nicht in den Laboratorien als Praktiker?
Erfahrung machte sie zu Spitzen-
Klassiker!

*

Der kreative Chemiker lieber in der
Forschung blieb,
wo er Berichte und Patente schrieb,
als in einem stupiden Routine-Betrieb.

*

„Schweigen und Vertuschen"
ist das Motto von Chemiker-Luschen,
damit schlimme Ereignisse in die
Vergessenheit huschen!

*

Chemiker haben große Leistungen
vollbracht,
jedoch auch viel Schaden entfacht,
weil keiner darüber kompetent wacht!

*

Chemiker dienten als Uni-Assistenten,
unterwiesen diverse Studenten
mit großen chemischen Talenten.

*

Dienten Chemiker einst als Offiziere bei
der Bundeswehr,
gibt das ihrem Führungsstil Gewähr,
jedenfalls gegen über anderen etwas
mehr!

*

„Führen heißt: Verantwortung tragen!"
Das müssen sich auch leitende
Chemiker fragen!
Aber die retten oft nur ihren Kragen!

*

In einer heiklen Situation
gehen leitende Chemiker oft auf
„Tauchstation",
denn Andere machen das schon!

*

Man kann es nicht verhehlen,
Chemiker sind oft keine Leute, die Zeit
stehlen,
weil sie kurze Argumente wählen!

*

Ungestüm ist junger Chemiker Wort:
Ältere Kollegen frustrieren sie sofort,
gehen oft schnell wieder von Bord!

*

Ist ein Chemiker zu kreativ,
halten ihn Kollegen für subversiv
und bald hängt der Haus-Segen schief!

*

Wie stark könnten Chemiker die Welt
verbessern,
würden es neidische Kollegen nicht
verwässern,
kämpfen mitunter gar mit Messern!

*

Einst hatten Chemiker experimentiert,
neue Stoffe synthetisiert
und nicht nur auf Tagungen lamentiert!

*

Chemiker als Unternehmens-Lenker
suchen neue Kollegen als Querdenker,
aber wehe, sie machen unliebsame
Gedanken-Schlenker!

*

Rührend präsentieren sich Chemiker
als Innovations-Führer,
doch mitunter werden sie zum Verlierer
und ihr Hochmut ein „Rohrkrepierer"!

*

DDT und Contergan wurden so gelobt,
weitreichend getestet und erprobt,
bis die kalte Realität entgegentobt´!

*

Industrie-Chemiker bemächtigen sich
der Universitäten,
weil sie wichtiges Know-how vertreten,
revanchieren sich mit teuren Geräten.

*

Industrielle sind keine Existenzialisten,
denn sie fahren auf gespurten Pisten
von diversen Teamplayer-Listen.

*

Für die Industrie zählt die Ökonomie,
weniger Soziales und Ökologie,
das gilt auch für die Chemie!

3. Hochschul-Chemiker

Chemiker an den Universitäten
arbeiten mit hochsensiblen Geräten,
an denen sie Spitzenforschung beten.

*

Uni-Forscher dürfen frei bestimmen,
neue Forschungsfelder erklimmen,
auf denen neue Leuchten aufglimmen.

*

Uni-Chemiker wollen sich habilitieren,
sich in Zeitschriften renommieren,
um eine Professur anzuvisieren.

*

„Ich will jetzt hier in der Küche Mittag machen! – Beende bitte sofort Deine Home-Office-Chemie!"

Hat ein Forscher sein eigens Feld,
fehlt im nur noch das Forschungsgeld,
und dass man ihn lange einstellt.

*

Hochschul-Forschungs-Positionen,
auf denen Forschungs-Arbeiten lohnen,
sind fast schon kleine Sensationen!

*

Oft hat der Wettbewerb unter Kollegen
manchem schwer im Magen gelegen,
wenn sich Arbeiten nicht erfolgreich
bewegen.

*

Schüler berühmter Professoren
gewinnen eher die Hochschul-Sporen,
andere gehen zum Teil verloren.

*

Beruhigend ist eine Kustoden-Stelle,
ohne limitierende Zeiten-Schwelle,
und mit einer sicheren Gehalts-Quelle.

*

Habilitanden haben sich darum zu
kümmern,
wo sich Hochschul-Situationen
verschlimmern
oder müssen sich um Bauprojekte
kümmern.

*

Schön, wenn viele Chemiker
promovieren,
dann lassen sich Ergebnisse
investieren,
in eigene Habilitationen integrieren.

*

Eigenes Forschungsfeld zu vertreten,
ist als erhörte der Himmel ein langes
Beten,
man ist frei von Einfluss und Nöten.

*

Einst galten Profs als Autoritäten,
doch der „Muff in Talaren" ging flöten,
zum Ärger betreffender Spektabilitäten.

*

„ … und Sie, Professor Großmann reinigen die 200 Laborflaschen!"

Nicht jeder Forscher und Erfolgsjäger
wird zum Nobelpreisträger,
aber bleibt unangetastet Amtsträger.

*

Manche Unis sind gut ausgestattet,
auf dass die Forschung kaum ermattet,
von Wohlwollen und Gunst beschattet.

*

Auf attraktiven Forschungsgebieten,
in die sich viele Forscher hineinknieten,
gibt´s per Vorveröffentlichungen auch
Nieten!

*

Habilitierte warten auf eine Berufung,
sitzen für Uni-Wechsel auf Sprung,
harren aus in guter Hoffnung.

*

Profs pflegen heute lockeren Umgang,
kommen schon mal im Labor entlang,
verbergen ihren akademischen Rang.

*

Ein Habilitand ist zur Lehre verpflichtet,
während er auf seine Forschungszeit
verzichtet,
das Land aber Vorlesungs-Boni
entrichtet.

*

An Unis mangelt es seit Jahren
an vorbereiteten, guten Seminaren,
ein zu verbesserndes Gebaren!

*

An Unis sind Seminare abzuhalten:
Bei große universitären Anstalten
können sich viele Assistenten entfalten.

*

An kleinen Universitäten
teilt man sich die Landes-Diäten,
muss um eine Viertel-Stelle beten!

*

Große Unis triefen von Assi-Stellen:
So können Doktoranden-Gesellen
zahlreiche Studenten zu erhellen.

*

„Unser Chemie-Professor
hat wieder eine tolle Idee!"

Nur wenige Forscher können an Unis
bleiben,
die Hochschullehrer bestimmen das
Treiben,
während die meisten Doktoranden ihre
Industrie-Bewerbungen schreiben.

*

Bleiben Forscher an Unis erfolglos,
fallen ihnen kaum andere Jobs in den
Schoß,
der Arbeitsmarkt straft sie da rigoros!

*

Früher war Sicherheit an Universitäten
nicht Priorität der Spektabilitäten,
auch nicht bei den Hochschul-Räten.

*

Ein Assistent verlor sein Augenlicht
durch Ether-Explosion in sein Gesicht.
Daraufhin lehrte man besondere
Vorsicht.

*

Zwischen der Forschung an Industrie-
Geräten
und der an den meisten Universitäten
liegen Unterschiede wie Fisch und
Gräten!

*

Hochschul-Forschung treiben Examen,
Industrie-Forschung Karriere-Dramen.
Misserfolge kennen überall kein
Erbarmen!

*

Haben Profs erst ihre Lehrstühle,
lebt es sich mit entspanntem Gefühle:
Man selbst treibt die Forschungs-
Mühle.

*

Kustoden, Angestellte auf Lebenszeit,
haben ihren Schleichgang nie gereut,
aber sich auch nicht über die vielen
Verwaltungs-Aufgaben gefreut!

*

Sind Kolonnen zu isolieren,
um wenig Wärme zu verlieren,
kann das gut zu zweit passieren!

*

Reist ein Chemiker auf eine Tagung,
erlebt eine Zugausfall-Durchsagung,
zügelt er sich eisern in der Erregung.

*

Liest ein Professor wörtlich ab,
ist das kein didaktischer Maßstab,
wie es ihn früher einmal gab.

*

Didaktik der Naturwissenschaften,
können manche Hochschullehrer noch
nicht verkraften,
weil sie an alten Methoden haften.

*

Hochschulen forschen vermehrt,
dafür wird weniger gelehrt:
Besser wäre es umgekehrt!

*

Moderne Forschung fordert viel Gerät,
da es um komplexe Verfahren geht,
denen EDV zur Seite steht.

*

Für Uni-Chemiker kann es nicht wild
genug sein,
denn sie lassen sich nur auf wenige
Monate ein,
erstreben damit einen akademischen
Schein.

*

Chemie-Studenten wollen schnell zum
Master kommen,
haben sich nicht viel Zeit genommen,
dann aber haben sie sich beruflich
freigeschwommen.

*

Forschung verläuft an Universitäten
auf dem Gebiet der Spektabilitäten
wie Flickenteppiche von Spezialitäten.

*

Die Patent-Verwertungsgesellschaft
setzt an der Uni all ihre Kraft,
auf den Ideen-Sprung in die Wirtschaft.

*

Professoren setzen auf Erforschung
von Grundlagen,
industrielle Nutzung schlägt ihnen auf
den Magen,
und über externes Mitreden hört man
sie klagen!

*

Angewandte Industrie-Forschung
erfährt an Unis abfällige Negierung,
denn Grundlagen machen den Sprung!

*

Hochschullehrer wollen publizieren,
ihre Forschung als Leistung justieren
und ihre Kreativität manifestieren.

*

Lehre kommt an Unis etwas zu kurz:
Vorlesung ist für Profs Routine-Furz,
ein universitärer Lendenschurz.

*

Lehrbefähigung wird kaum kontrolliert,
weil sich sonst mancher Prof. blamiert,
da er nur auf sein Skriptblatt stiert.

Didaktik ist manch´ Prof. nie gegeben.
Damit müssen Studenten leben,
aber nach guten Vorlesungen sollten
Hochschullehrer schon streben!

*

Hochschullehrer kämpfen um Mittel,
vom teuren Gerät bis zum Laborkittel,
bekommen aber nicht mal ein Drittel!

*

Kommen Industrielle auf einen
Professoren-Stuhl,
ist das für Studenten besonders cool,
denn sie schöpfen aus einem großen
Erfahrungs-Pool!

*

Honorar-Dozenten ohne Honorar
machen sich für Unis ganz wunderbar,
nutzen den Dozenten-Idealismus gar.

*

Kooperieren Unis mit der Industrie,
versiegen ihre Geldmittel zumeist nie,
leidet aber vielleicht an Basis-Anämie.

„Sehen Sie, es ist ganz leicht
zu reinigen!"

Oft fehlen den Hochschulen die Gelder.
Sie suchen sich immer neue Felder,
durchsuchen auch „Industrie-Urwälder"

*

Laborgläser zu reinigen,
kann einige Studenten peinigen!
Zumindest geht es so bei einigen.

*

Wenn ein Prof. ein Experiment erklärt,
das der Assistent auffährt,
gibt er sich zufrieden und ganz gelehrt.

*

Bereitet der Assistent die Vorlesungen
gut vor,
mit tollen Versuchen und Monitor,
hat leichtes Spiel, der Herr Professor!

*

Assistenten tragen ein hartes Los:
Für ihre Promotion bleiben wenige
Stunden bloß,
denn Doktorväter fordern sie rigoros!

*

Je strenger Prüfungen beim Professor,
mit Unwägbarkeiten und Horror,
desto intensiver bereitet man sich vor!

*

Hochschulen zählen zu den elitären,
wenn sie mit Entdeckungen und
Patent-Ehren
ihr akademisches Ansehen vermehren.

*

Neue enorme Forschungs-Resultate,
viele Veröffentlichungen und Traktate,
erhöhen der Uni Bekanntheitsrate!

*

Uni-Forschung auf erfolgreichem Feld
braucht nichts nötiger als Geld,
das vielleicht ein Investor bereitstellt.

*

Wenn ein Forscher die Uni verlässt,
geht es mit einem Know-how-Rest,
denn alles steht nicht in seinem
Promotions-Manifest!

*

„Vielleicht sollten wir uns doch einmal
eine Standleiter anschaffen!"

Haben Studenten mit dem Chemie-Studium Probleme,
wäre Höhere Lehramt das Bequeme,
die Anforderungen gehen da nicht ins Extreme!

*

Assistenten im Praktikums-Saal
sind bei Erstsemestern sehr brutal:
Für sensible Studenten ist das fatal!

*

Viele Prüfungen machen es Chemie-Studenten schwer,
Hochschullehrer nehmen sie jedes Semester daher
und testen ihr Wissen kreuz und quer.

*

Chemie-Studenten müssen viele Prüfungen überstehen,
Faulenzer sind kaum zu übersehen,
müssen zu anderen Studiengängen übergehen.

*

Die Professoren an den Universitäten
hören viel von Chemiker-Nöten,
wobei sie auch in Aktion treten!

*

Die künstliche Intelligenz
hat auch an den Unis ihre Fans,
in der Chemie schon zusehends!

*

An einigen Universitäten
ist auch das Fach „Ethik der Chemie"
vertreten.
Die Industrie hatte gerade nicht darum
gebeten!

*

Ist im Institut wieder arger Tumult,
passt der Kant´sche Spruch ganz gut:
Dich deines Verstandes zu bedienen,
habe Mut!

*

Nicht alle guten Chemie-Studenten
beziehen später als Chemiker Renten,
lebten sie unter anderen Aszendenten.

4. Das chemische Labor

Die wissenschaftliche Chemie im Labor
nimmt sich Synthese und Analyse vor,
brachte Millionen neuer Stoffe empor.

*

Schon zu Liebigs Experimentier-Zeiten,
ließen sich genaue Analysen bereiten.
Das lässt sich heute kaum bestreiten!

*

Moderne Chemie-Laboratorien
verfügen über diverse Instrumentarien,
wie z. B. Atomabsorption von VARIAN.

*

Wer schaffen will, muss fröhlich sein! -
Das sieht auch jeder Laborleiter ein!

Sicherheit ist im Labor stets geboten,
denn schon hier gilt es auszuloten,
wie Unfälle zu vermeiden sind, evtl. mit
Toten!

*

Laboratorien enthalten spezielle Noten:
So ist rutschfester Boden geboten,
sowie auch die Belüftung auszuloten.

*

Laboratorien geben Chemikern ein
Behagen,
wenn die Unternehmen für Sicherheit
Sorge tragen,
denn sie beantworten viele Fragen!

*

Norm ist der 10-fache Luftwechsel im
chemischen Labor,
mit einer Reihe von Filtern davor.
Da riecht man kaum noch Ammoniak
oder Chlor!

*

Rochen Laboratorien früher nach
diversen Gasen,
je nach vollzogenen Arbeits-Phasen,
spüren sie heute nur noch sehr
empfindliche Nasen.

*

Stehen die Laborschränke voller
Reagenzien,
und es fehlt an Ordnungs-Regularien,
macht das Chaos keine Ferien!

*

Ethisch korrektes Führungs-Verhalten,
bedarf im Labor geregeltes Gestalten,
auch Vorbilder, sie sich daran halten!

*

Ist der Laborleiter
kein vorbildlicher Gescheiter,
läuft alles beim Alten weiter!

*

Wahre Vorbilder sind bei den Cheffen
selten oder gar nicht anzutreffen,
besonders bei Verbindungs-Neffen!

Schuldzuweisung zeugt nicht von
gutem Management,
so man Verantwortungs-Ethik kennt,
und sich einen fairen Chef nennt!

In einigen extremen Fällen
lässt sich ein Reinluft-Labor vorstellen,
ohne jegliche Staubquellen.

*

„In Labors entfaltet sich ein Zauber,
als fühlte man sich wie Kur-Urlauber!",
sagten schon Wöhler, Liebig, Glauber.

*

Mit Laborgeräten fühlt man sich wohl,
destilliert Ester, Aromaten und Alkohol,
hält sensible Produkte unter Stanniol.

*

In Labors ist auf die PSA zu achten,
sie aber auch nicht zu überfrachten,
so sie Unannehmlichkeiten brachten.

*

Ist im Handschuhkasten kein Platz,
räumt man ihn halt auf, ratz-fatz!
Zu warten, bis es ein anderer macht, ist
für die Katz!

*

Labore sind das Aushängeschild,
der Firmen Produkt-Qualität Abbild,
wenn es um Güte und Image geht.

*

Moderne Chemie-Laboratorien
sind bei weitem noch keine Sanatorien,
aber arbeiten mit sicheren Zeremonien!

*

„Ein Labor ist ein Labor, ein Labor!",
singen US-Laborantinnen im Chor,
stehen große Versuchs-Projekte bevor.

*

Labors haben viele Versuchs-Stationen
für organische- und anorganische
Reaktionen
sowie für physikalische Inspektionen.

*

RFA- und ICP-Analysatoren
bleiben keinen Tag ungeschoren,
wie auch nicht die CHN-Analysatoren.

*

„Ganz schön gelehrig,
meine Test-Maus!"

Routine-Analysen in großem Maßstab
laufen meistens automatisch ab,
zumindest im modernen Lab.

*

Viele Analysen verlaufen geschwind,
schneller als es noch die alten sind:
Kits ersetzen Chemikalien-Gebind´!

*

Viel Erfahrung an Spektrografen,
die einst bei Laborantinnen zutrafen,
vollführen Automaten, ohne Strafen!

*

Analysen beginnen mit der Präparation.
Für dortige Fehler gibt es keine
Kompensation!
Sie ist daher eine wichtige Station.

*

Es gibt mehrere Präparierungs-Arten,
auf deren Proben die Kunden warten,
um ihre Gegenanalyen zu starten.

*

Analysen vom guten Schiedslabor
sind für die Streitparteien dachore,
bezahlt vom höchsten Abweichler
davor.

*

Exakt sind die Edelmetall-Analysen:
Abweichungen gehen in die Miesen,
und Kunden drücken auf die Düsen!

*

Als eine der genauen Gold-Analysen
hat sich die „Dokimasie" erwiesen,
die schon die Römer anwenden ließen.

*

Die Analysen-Palette, wie sie in
Kliniken anfällt,
ist auf Routine-Tests eingestellt,
die der Patient noch am Tag erhält.

*

Elektronik wird im Reinraum getestet,
in dem die Staubfreiheit feststeht
und sie kein Staubteilchen verpestet.

*

„Sie können aber nicht das ganze
Labor mit Ihren Fasern blockieren!"

Laboratorien sind klimatisiert,
wie es den Aufgaben gebührt,
dass keiner schwitzt und keiner friert.

*

Zugluft erwächst oft zum Problem:
Ist auch Frischluft stets angenehm,
bei mieser Lüftung aber unbequem.

*

Einmal im Jahr hat das ganze Labor
einen tollen Betriebsausflug vor,
mit Kultur, Unterhaltung und Humor.

*

Auf Analysen muss man sich stets
verlassen,
sie auch zwei- und dreimal verpassen
oder von zwei Laboranten veranlassen.

*

Schiedsanalysen, 5-fach ausgeführt,
zu Dritt zum Ergebnis geschnürt,
da ihnen größtes Vertrauen gebührt.

*

„Da hat doch der Wolfgang sein
halbes Labor hier unten eingerichtet!"

In Labors ist Nachhaltiges eingezogen:
Um Gebinde macht man einen Bogen,
Chemikalien recycelt, ungelogen!

*

Kommt es nur nach vielen Jahren
zu einem teuren Schiedsverfahren,
lässt sich durch Sorgfalt Geld sparen.

*

CHN-Elementar-Analysen
laufen exakt, ohne Funktionskrisen:
Man muss nur die Probe eindüsen!

*

Zur Bestimmung der Wasserlöslichkeit
stehen mehrere Methoden bereit.
Auch über Leitfähigkeit ist´s gescheit!

*

Gas-Analysen verlaufen in Laboren
über chromatografische Analysatoren
mit speziellen Sensoren.

*

Vielseitig ist das Labor der Technik:
Man hat nur wenige Produkte im Blick,
Innovationen aber fordern Geschick!

*

Eine heimliche Labor-Gepflogenheit,
anzutreffen weit und breit,
ist die Alkohol-Destillationsgelegenheit.

*

Der Zoll prüft akribisch genau:
Stehen Alkohol-Destillen im Laborbau,
versteckt, hinter irgendeinem Verhau.

*

Auch an Unis hat manch´ Laborant
heimlich seinen Obstler gebrannt,
den der Zöllner am Geruch erkannt.

*

Machen Labors Betriebs-Kontrollen,
müssen sie auch Nachtschicht wollen,
Resultate notieren in 24 h-Protokollen!

*

„Aber für das Trocknen der Laborgläser
haben wir doch ein spezielles Gestell!"

Konzerne verfügen über Labors für
Umweltschutz,
Spezialisten für den Umweltschmutz,
und für wöchentlichen Anlagen-Putz!

*

Kommt in einem großen Labor
einmal etwas Unvorhergesehenes vor,
ist der Labor-Leiter der Haupttenor!

*

Kein Labor ohne Löscher an der Wand:
Geübte haben ihn schnell zur Hand
und löschen im Nu jeden Brand!

*

Wenn Leute Quecksilber verschütten,
müssen sie um Aufnahmemittel bitten:
Kupferpulver! – Mit Zink hat man
gelitten!

*

Labors mit Routine-Untersuchungen
in zu großen Analysen-Mengen
kommen oft ins Bedrängen!

*

„Mit Laborglas aller Art
ihr von mir beschenket ward,
denn Ihr arbeitet fleißig und hart!"

Experimentiert ein Chemiker im Labor
und bringt etwas Sensationelles hervor,
sagte der Chef: „Nicht Ihr Aufgaben-
Gebiet, Sie Thor!"

*

Zum Jahresende spüren Laboratorien
den Stress von Analysen-Serien:
Inventuren bringen alle Sammelsurien!

*

Spaß kommt auch im Labor
mitunter in Maßen vor:
Das geht mit den Ethik-Regeln dacor!

*

„Meinen Mann hätte ich im Labor nie
kennengelernt,
wäre ich immer 1 m von ihm entfernt!
Noch heute ist er mein lieber Bernd!".

*

Über romantische Labor-Lieben
wurde schon viel geschrieben,
aber oftmals arg übertrieben!

*

Im Ex-Labor, abseits im Wald,
hat es des Öfteren geknallt.
Deshalb liegt es weit abseits halt!

*

Ist das Labor gut ausgelastet
und kein Laborarbeiter rastet,
bleibt der gute Ruf unangetastet!

*

Analysen fordern eine hohe Qualität,
wenn ein großer Wert dahinter steht
und es um extreme Genauigkeit geht!

*

Ein Labor ist ein gutes Labor,
geht es mit langer Erfahrung vor
und nie stockt der Innovations-Motor!

*

Laboratorien kann man getrost buchen,
die ständig mit neuen Ringversuchen
nach bestmöglichen Verfahren suchen.

*

„Als ich sagte die Mäuse sind im Nachbar-Labor, meinte ich doch die Gas-Mäuse!"

Wird in Lebensmitteln Gift entdeckt,
das darin in hoher Dosis steckt,
hat es Argwohn bei Kunden geweckt!

*

Hat das Test-Labor einen guten Ruf,
den man über Jahrzehnte schuf,
steht man in jedem Kundenbuch.

*

Mit ein paar Analysen ist man schon
Herr einer chemischen Reaktion,
denn sie rennt nicht ungewollt davon!

*

Ist das Labor auch noch so klein,
kann es eine große Hilfe sein:
Es leitet viele Erkenntnisse ein!

*

Automatische Serien-Analysen,
die mit Probenwechsler dahinfließen,
waren es, die die Labor-Kapazität
vergrößern ließen!

*

Moderne Laboratorien
sind spezialisiert auf Serien
von bestimmten Materialien.

*

Von Liebigs Labor bis zur modernen
Ausstattung
ist, wie der Weg von der Postkutsche
bis zur Mondlandung,
ein gewaltiger Innovationssprung!

*

Wo früher 30 Laboranten sprangen,
denen vage Resultate gelangen,
müssen heute drei um nichts bangen!

*

Freie Labors stehen im Wettbewerb,
und die Methoden sind mitunter derb,
mit unsicherem Auftrags-Erwerb.

*

Moderne freie Laboratorien
sind, verglichen mit früheren Labor-
Krematorien,
die reinsten Sanatorien!

Ohne weitere Worte

Es wurden aus Alchimisten-Küchen,
mit ätzend scharfen Gerüchen,
helle Labors mit Betriebsanweisungs-
Sprüchen.

*

HPLC mit Massenspektrometer,
kein leichter Standard-Laborvertreter,
aber mit hinreichender Erfahrung
funktioniert er!

*

Die Analysen-Probe aus dem Betrieb
ist per Rohrpost auf Anhieb
im Labor, wo sie kaum liegen blieb!

*

An Halloween ist alles geschmückt,
mit zahlreichen Kürbissen bestückt,
Laboranten in Schwarz, dass man
erschrickt!

*

Im ergonomisch eingerichtetes Labor
schnellt die Arbeitsbereitschaft empor,
das singen die Laboranten im Chor.

In der vorweihnachtlichen Zeit
brennen Kerzen bei Gemütlichkeit,
Duft nach Gewürz macht sich breit.

*

Am Jahresende herrscht Geschäftigkeit
zur turbulenten Inventur-Zeit,
denn die Labors geben die Bestands-
Sicherheit!

*

Kommt eine Probe aufs Laborgelände,
mit der Rohrpost ohne Umstände,
gerät sie flink in professionelle Hände!

*

„NEIN heißt NEIN!"
Das führte man auch in Labors ein.
Aber Hanne war ganz wild auf Hein!

*

„Wenn wir das NEIN befolgt hätten,
bei den Damen, den besonders netten,
landeten wir nicht in Ehebetten!"

*

Mit Humor und Heiterkeit
ist man im Labor vor Stress gefeit
und zur fröhlichen Arbeit bereit!

*

Ist das Labor hell und lichtdurchflutet,
es von extremer Sauberkeit anmutet,
Laboranten das Herz vor Freude blutet!

*

Im Ernstfall allemal
weiß hoffentlich das Labor-Personal:
Ein Feuerlöscher hängt hinter welchem
Regal?

*

Der Labor-Richtlinie entsprechen alle
Arbeitsplätze soweit,
an Licht, Lüftung und Sicherheit.
Über die Räume gibt es keinen Streit!

*

Wann ist ein Labor ein gutes Labor?
Das stellten sich die Mitarbeiter vor,
bevor der Labor-Trakt schoss empor!

*

In Labors kommt nie Langweile auf:
Da gibt es tolle Aufgaben zu Hauf –
ohne Schnaufen und Dauerlauf!

*

Die Arbeitsstätten-Verordnung
sorgt für hinreichende Lüftung,
der Chef für Abwechslung!

*

Labors sind an Glas und Chemikalien
gut versorgt,
keiner ist um Nachschub besorgt,
und Abfälle werden richtig entsorgt!

*

Gehen Glasgeräte zu Bruch,
das gipfelt in keinem Fluch:
Im Lager gibt es davon noch genug!

*

Sauberkeit ist oberstes Gebot!
Ist sie nicht stets in optimalem Lot,
geraten Laboratorien in arge Not!

*

Reihen-Analysen übernimmt ein
Automat:
Der steht Tag und Nacht parat,
in einem sehr zuverlässigem Grad.

*

Wird das Labor wieder saniert,
werden Apparaturen ausquartiert,
damit man keine Kunden verliert.

*

Viele Firmen haben ihr eigenes Labor
auf speziellem Tätigkeits-Sektor,
nicht alle unter der Leitung von einem
Professor!

*

Auch das gut ausgestattete Labor
bringt keine Wunder hervor,
macht der Leiter nichts als Terror!

*

Sind alle Laborrichtlinien eingehalten
und alle können kreativ mitgestalten,
werden sie sich auch optimal entfalten!

*

5. Laboranten

Schüler kommen heute früh in Kontakt
mit Firmen und ihrem Arbeits-Takt.
Das hat viele zum Laboranten gepackt!

*

Langweilige Tafel-Chemie
gibt´s in den Firmen selten oder nie,
denn Ausbilder motivieren das Genie.

*

Für Abiturienten läuft die Ausbildung
verkürzt,
zeigt sich aber dennoch interessant
gewürzt,
im weißen Kittel, mitunter beschürzt.

*

Die duale Ausbildung mit Schul-
Seminar,
macht aus jedem Eifrigen einen
Superstar,
wie von Vorgängern leicht erfahrbar!

*

Multitasking ist keine Kunst für
Laboranten
weil sie Handgriffe miteinander
verbanden:
ganze fünf, bekannte und die
unbekannten.

*

Das weist keiner von der Hand:
Ein gut ausgebildeter Laborant
Ist für Umsicht und Fertigkeit bekannt!

*

Den Schlüssel für den Gift-Tresor
behält sich der Laborleiter vor
oder der Stellvertreter im Labor!

*

„Wertes Frl. Martha, unseren Glückwunsch zum Geburtstag, verbunden mit einer Eintrittskarte zur ANALYTICA."

Die Karl-Fischer-Wasserbestimmung
ist im Bio-Labor tägliche Handlung,
verläuft in automatischer Wandlung.

*

Im Labor liegen Betriebsanweisungen,
die für die meisten Stoffe gelungen,
bereit für die Unterweisungen.

*

Neue Laboranten werden gründlich
eingewiesen,
in Verfahren und nicht nur diesen.
Weiterbildung wird immer angepriesen.

*

Laboranten, die nichts dazulernen,
werden sich von der Arbeit entfernen:
Ihre Zukunft steht unter schlechten
Sternen.

*

Hat ein Laborant sein Fach gut gelernt,
gibt es keinen, der ihn darin hörnt,
auch wenn man Lehrbücher entfernt.

*

„Nun lass´ doch deine Versuchstiere
nicht immer hier im Labor frei
herumflieg

Laboranten, wie auch Laborantinnen,
experimentieren stets mit allen Sinnen,
im Betrieb, wie auch im Labor drinnen!

*

Keiner kann besser analytisch titrieren,
als Laboranten in Labor-Quartieren.
Andere würden dagegen glatt verlieren!

*

Im Labor, im Milliliter-Maßstab,
gehen Experimente wie die Post ab,
denn Laborleiter bringen alle auf Trapp.

*

Der Laborant im weißen Kittel
ist nicht der Chemiker Büttel!
Sie kennen viele praktische Mittel.

*

Hat ein Laborant sein Fach gut gelernt,
gibt es keinen, der ihn darin hörnt,
auch wenn man Lehrbücher entfernt.

*

„Wer hat denn wieder die Labor-
Fenster offen gelassen?!"

*

Kein Chemiker spielt einen Laborant´
mit seiner Praxis an die Wand!
Chemikern ist das hoffentlich bekannt!

*

Laboranten kennen die Handgriffe im
Labor,
da macht ihnen keiner etwas vor!
Und wenn, dann wäre er ein Tor!

*

Kennt man noch fremde Sprachen,
kann man im Ausland Karriere machen,
worüber Kollegen kaum lachen!

*

Kein Labor kann auf Leute verzichten,
die stets gute Laborarbeit verrichten,
über die Geschäftsführer dann gerne
berichten.

*

Ist man im Labor eine Kanone,
sind die Geistesblitze nicht so ohne,
erhalten Laboranten selten die Krone.

*

„Liebe, Dorle, jetzt mach aber mal
halblang mit deinen Pflanzen!

Gute Stellen für einen Laborant´
verbleiben selten lange vakant,
denn Betriebsklima ist für ihn relevant.

*

Was der Chemiker an breiter Theorie,
ergänzt der Laborant mit praktischer
Chemie
zu einer rundum gelungenen Partie

*

Mit komplexen Geräten umzugehen,
schaffen gute Laboranten im
Handumdrehen:
Für sie ist das Routine-Geschehen!

*

Vieles lernt man von alten Laboranten,
weil sie sich in allem gut auskannten
und alles gut und präzise benannten.

*

Aber viele chemiespezifische Risiken
müssen Laboranten erst entdecken,
die oft auch in ihrem Labor stecken.

*

Eine Laborantin wusste keinen Rat:
Beim Auffüllen mit Silbernitrat,
explodierte Silberamid als Resultat!

*

Einst explodierte ein ganzes
Laboratorium
in Frankfurt durch Cellulose-
Perchloratum:
Holz setzte sich mit Perchlorsäure um!

*

Bei Wasserstoff und Platin
macht Sicherheit doppelten Sinn,
denn das Risiko reicht bis zum Kinn!

*

Ein Laborant reduzierte Palladium
mit Formiat in einem Technikum:
Bei der Explosion kam er um!

*

Laboranten sind gut beraten,
nur in sicheren Prielen zu waten,
denn oft werden aus harmlosen Stoffen
unheilvolle Granaten!

„Hoch lebe das Ethanol!"

Tragen Laboranten Platinschmuck,
knallt es mit Wasserstoff ruck-zuck
schon bei Atmosphären-Druck!

*

Laboranten erlebten auch Explosionen.
Ihnen nachzugehen, wird sich lohnen,
um zukünftiges Ausbleiben zu betonen.

*

Bei kleinste Mengen an Knallsilber oder
Knallgold
ist man vor äußerst heftigen
Detonationen nie hold!
Wer das ignoriert, ist ein törichter
Witzbold!

*

Laboranten sind stets gut beraten,
sie rufen bei Ungewissheit einen Paten.
Der überprüft noch einmal die Zutaten.

*

Es ist eindrücklich zu betonen:
Vorsicht vor abgesperrten Zonen
und „inkompatible Reaktionen"!

„Ich kann Ihnen versichern, dass die
Luft in Ihrem Labor sauber ist!"

*

Es ist immer gut, einmal nachzufragen,
bei denen, die Verantwortung tragen,
sonst geht es an den eigenen Kragen!

*

Nach 40 Jahren im Labor
steht Laboranten eine Feier bevor,
mit Gelage und Feuerwehr-Chor!

*

Mitunter arbeiten Laboranten 50 Jahre,
haben viel Erfahrung und graue Haare.
Als Ausbilder sind sie das Wahre!

*

Laboranten wollen experimentieren,
Analysen-Varianten ausprobieren,
vorhandene Methoden optimieren!

*

Wenn Laboranten Ideen generieren,
müssen sie sich nicht genieren:
Mit jeder Idee kann etwas passieren!

*

„So hat man schon in der Steinzeit gerührt, Herr Kollege!"

Analysiert man Giftstoffe im Tee,
ist das für uns alle nicht O.K.,
unser Verderben, unser Weh!

*

Wenn im Labor Kolben explodieren,
heißt es, die Ursachen zu eruieren:
Noch einmal darf es nicht passieren!

*

Des Laboranten Umsicht
fordert absolute Übersicht:
Sind die Proben recht oder nicht?

*

Laboranten können sich weiterbilden,
und landen in den höheren Gefilden
von Techniker- und Ingenieurs-Gilden.

*

Ist der Alltag auch grau und heiß,
Laboranten tragen ihre Kittel in Weiß,
auf Sauberkeit und Hygiene Geheiß.

*

Gerätschaft benötigt konstantes Klima,
das empfindet man sommers wie
winters prima,
bestätigt die kesse Laborantin Fatima.

*

Glücklich ist ein Laborant,
wenn er mit seinem Sachverstand,
seine Analysen bestätigt fand!

*

Ihre Tätigkeiten im Labor
ziehen Laboranten stets anderen vor,
gehen auch mal mit Hektik dacor!

*

Für Betriebe sind Laboranten
auch oft Meister-Aspiranten,
denn die Vorgänge sind die bekannten.

*

Da machten Laboranten Karriere,
so die Belegschaft auf sie schwöre,
auch in Betrieben ohne Schwere!

„Georg! – Was hast Du Dir
wieder eingeworfen?!"

Gerne hätten Laboranten noch titriert,
Lösungen mit Titer kalibriert
und Azubis zur Chemie animiert!

*

Wenn sich Laboranten engagieren,
mit ihrer Kunst Stoffe präparieren,
können sie ihre Zufriedenheit spüren.

*

So mancher kluge Laborant
verfügt über Glück und Verstand,
wenn er ein neues Verfahren fand!

*

Laboranten sind gar nicht träge,
finden zig Verbesserungsvorschläge
und verweisen auf die Belege.

*

Weiterbildung ist für Laboranten/-innen
ganz in ihren bildungseifrigen Sinnen,
weil sie gerne mit Neuem beginnen!

*

Analysiert eine Laborantin im Blut eine
Spur Gold,
ist es ihr zunächst nicht hold,
stammt sie doch als „Danziger Gold"
von einem Saufbold.

*

Laboranten wie auch Chemikanten
sind gut vernetzt, kennen Varianten,
hören aus anderen Firmen von
Bekannten!

*

Bei Geburtstagen und Jubiläen
kann man Laboranten feiern sehen,
um dann wieder entspannt an die
Arbeit zu gehen.

*

Wie in jeder anspruchsvollen
Profession,
ist Weiterbildung Obligation,
wie auch Anerkennung und guter Lohn!

*

6. Vom Labor ins Technikum

Im Technikum arbeiten Ingenieure,
dennoch passieren auch Malheure,
wie bei Test-Piloten, man höre!

*

In Technika wird die Sicherheit groß
geschrieben,
da Versuche mit größeren Mengen
betrieben,
und Techniker mehrere Schichten
schieben.

*

Chemiker neigen mit Geschick
zum Scale-up bekannter Labortechnik,
statt zu angepasster Verfahrenstechnik

Vom Labor wird das Verfahren als Projekt
erst einmal in das Technikum gesteckt,
bevor sich eine Anlage in den Himmel streckt!

*

Das Scale-up erfolgt im Technikum
mit dem Ingenieurs-Zentrum
bis zum gewünschten Optimum.

*

Sind im Labor alle Parameter bestimmt,
ist´s Zeit, dass das Technikum übernimmt,
bis am Verfahren kein Zweifel mehr glimmt.

*

Im Technikum herrscht Atmosphäre,
als ob es schon Betriebsablauf wäre,
aber noch fließt aus Vielem eine Lehre.

*

Der kleine Reaktor im Laboratorium
lässt sich nicht 1:1 umsetzen fürs
Technikum,
denn das läge weit entfernt vom
Optimum!

*

Die erste Tonne vom Zielprodukt
wird gar im Technikum „ausgespuckt",
in hoher Qualität, dass keiner skeptisch
guckt.

*

Spezialitäten werden in Technika
produziert,
denn die Mengen sind sehr dezimiert
und keine großen Reaktoren für sie
extra reserviert.

*

In Technika und Chemie-Betrieben
hat man sich üppig dem Borglas
verschrieben.
Aber auch für Emaille gelten Vorlieben.

*

„Gut, dass wir die Not-Dusche haben!"

Technika haben Ausstattungen
mit allen Geräten und Besatzungen,
für Stoffe in optimaler Herstellung.

*

Der Leiter vom Farben-Technikum
testet das gesamte Farben-Spektrum:
Wie man sieht, geht er gut damit um!

*.

Kommen Laboranten ins Technikum,
kennen sie ihre Verfahren rundherum.
Ingenieure machen aus ihren Labor-
Versuchen ein Produktions-Monstrum!

*

Die Arbeiter im Pharma-Technikum
produzieren so manches Generikum
sowie sonstiges Sammelsurium.

*

Ist das Technikum besonders groß,
dient nicht nur der Optimierung bloß:
Kleinserien produziert man dort rigoros.

*

Mancher Laborant macht ein Praktikum
in einem Unternehmens-Technikum
mit Anabolika und Gummiarabikum.

*

Neue Untersuchungs-Methoden
auf chemietechnischem Boden
führen zu innovativen Noten!

*

Was einst im Labor errungen,
ist auch oft im Technikum gelungen,
behaupten optimistische Zungen.

*

Was dann im Scale-up funktioniert,
hat sich für den Großbetrieb qualifiziert,
und von da an wird nur noch realisiert!

*

Haben Ingenieure ihre Isometrien
berechnet und kalkuliert,
sind Gespräche mit dem RP geführt,
ist´s das Bau-Team, dem die Arbeit
gebührt!

*

„Das ist die Versuchsreihe
von unserem Chef!"

7. Chemiker als Betriebsleiter

Chemikern ist der Produktions-Betrieb
im Vergleich zum Labor weniger lieb,
aber abhängig vom Menschentyp!

*

Chemiker, wie Chemikerinnen,
arbeiten oft in den Betrieben drinnen:
Denn sie können dem Schreibkram
nicht entrinnen.

*

Chemiker sichern den Prozess-Ablauf,
Analysen und den Material-Einkauf,
melden alles monatlich bis zum
Vorstand rauf.

*

Chemiker stehen in der
Verantwortungs-Kette
unter dem Leiter der Produktions-
Stätte,
der ebenfalls alle Informationen hätte.

*

Chemiker in der Galvanotechnik
begleiten Terminarbeit und Hektik,
wie in kaum einer anderen Fabrik.

*

Das Leiten von Chemie-Betrieben,
zählt nicht zu des Chemikers Vorlieben:
Hatte er sich doch einst der Forschung
verschrieben!

*

Chemiker zu sein, in einem großen
Produktions-Betrieb,
war nicht sein ursprünglicher Antrieb,
nachdem er seine Doktorarbeit schrieb.

*

„Das ist der Gustl, genannt Obelix,
der gerade den Edelstahl-Kessel
aus dem Lager geholt hat!"

Es gibt eifersüchtige Forschungs-Riten,
die Betriebsleitern das Forschen verbieten,
nur im Labor arbeiten Forscher-Eliten.

*

Betriebsleiter kehren der Chemie den Rücken,
weil sich externe Forscher dafür bücken
und die Betriebe mit ihren Ideen beglücken.

*

Chemiker ergreift das Peter-Prinzip,
denn ihnen sind nicht nur Betriebe lieb,
wohnt in Ihnen doch der Forscher-Trieb!

*

Mit Produktions-Mengen und -zahlen
können Betriebs-Chemiker prahlen,
aber Optimierungs-Verzicht bereitet Qualen!

*

Haben Betriebs-Leiter gute Ideen,
wird das von Zentral-Forschern zwar
gerne gesehen,
auf Patenten werden sie selten stehen!

*

Ist ein Betriebs-Projekt gut gelungen,
werden Unbeteiligte laut besungen,
hatten sie doch immerhin die
Genehmigung ausbedungen.

*

Geraten Chemiker in die
Anwendungstechnik,
beschränkten sie sich auf eine kleine
Produkt-Rubrik,
mit dem Druck der Geschäftsführung
im Genick!

*

Betriebs-Chemiker werden ungelogen,
täglich zu Führungen herangezogen,
erklären Abläufe in Bausch und Bogen.

*

Chemiker erläutern Betriebs-Verfahren
den wechselnden Besucher-Scharen
in recht übersichtlichem Gebaren.

*

Betriebs-Chemiker trifft es oft schwer,
stellen sie schädliche Produkte her,
stehen gegen ein protestierendes Heer.

*

Dem Dr., der einst Cyanid herstellte,
von dem Blausäure in KZ-Kammern
quellte,
erlebte, dass man über ihn das
Todesurteil fällte.

*

Chemiker tragen hohe Verantwortung,
oft ohne die hinreichende Ausbildung
in Sicherheit und Menschenführung.

*

Betriebsleiter kriegen viele Aufgaben,
die sie sich nicht ausgesucht haben,
sitzen selten auf ihren vier Buchstaben!

*

„Mich hast Du noch nie so gefahren!"

Wer kennt „Inkompatiblen Reaktionen",
in denen unheilvolle Folgen wohnen.
Sie zu studieren, kann sich lohnen!

*

Chemiker besorgen den Umweltschutz,
entsorgen gereinigtes Abwasser und
aufbereiteten Schmutz,
kümmern sich um den „Abluft-Putz"!

*

Abwärme nutzt man via Pinch-System,
spart dadurch Wärme-Energie alledem,
ist, erst installiert, auch sehr bequem!

*

Betriebe wollen Ressourcen nutzen,
dafür Gruben und Bodenrinnen putzen,
worüber Betriebs-Chemiker stutzen.

*

Betriebe favorisieren Nachhaltigkeit,
sind für Ordnung und Sauberkeit bereit
und liegen bei Stoff-Kreisläufen nicht
im Streit!

*

Gefahrstoff-Betriebe veranstalten Übungen,
wie Rettung aus simulierten Trübungen
sowie mit Emissions-Messungen.

*

Bei Feuerübungen mit großem Aufgebot
trainiert man Vorbeugung gegen Feuersnot:
Auch Rettungskräfte sind dabei mit im Boot!

*

Betriebe verfügen über Entsalzungs-Anlagen,
die zu sauberen Produkten beitragen,
denn Qualität ist stets zu hinterfragen!

*

Betriebs-Leiter leisten Unterweisungen,
diskutieren Sicherheits-Entgleisungen,
geben entsprechende Anweisungen.

*

Betriebsanweisungen sind aktuell zu halten,
Sicherheits-Analysen zu verwalten,
weil sie heute nicht wie früher galten.

*

Zur Weihnachtsfeier ist Mitarbeitern
zu danken, das hören sie gern´.
Vor allem, Aufträge liegen nicht fern!

*

Auf Jubiläen sind Reden zu halten,
Worte, die dem Jubilar treffend galten,
ohne auf Übertreibungen zu schalten.

*

Trifft den Betriebs-Chemiker Verdruss,
weil er eine Trauerrede halten muss,
unterstützt Verlesen den Redefluss!

*

Die Gesundheit ihrer Mitarbeiter
fördern alle umsichtigen Betriebsleiter,
sonst stocken Betriebe, nix geht weiter!

*

„Wir haben die Armaturen auch
in indianisch beschriftet!"

Rollt ein Muslim im Betrieb den
Teppich aus,
weil er gen Mekka beten will, wie zu
Haus,
redet ihm der Betriebsleiter das besser
aus!

*

Bei Geburtstagsfeiern meide man den
Alkohol,
denn er dient nicht zum Wohl.
Kaffee und Kuchen wäre ein
geeigneteres Tool!

*

Betriebsleiter ergreift, bei aller Huld,
bei Unfällen ein Teil der Schuld,
haben sie bei Ungemach viel Geduld!

*

Betriebs-Chemiker müssen Risiken im
Vorfeld erkennen,
Wege zur Abhilfe erkunden, benennen,
sinnvolle Kontrollen nicht verkennen!

*

Vorbeugende Instandhaltung an Tagen,
an denen nicht alle Glocken schlagen,
wird zum unterbrechungsarmen Betrieb beitragen!

*

Betriebs-Chemiker sind gut beraten,
geben sie den Neuen einen Paten,
auch wenn sie nicht extra darum baten!

*

Stockt die Produktion zur Sommerzeit,
sind Urlaubsausfälle das ewige Leid,
steht nicht rechtzeitige Planung bereit!

*

In der chemischen Produktion
sind Werkstudenten oft keine Ersatz-Version,
aber noch besser, als von der Leiharbeiter-Station!

*

In Betrieben lässt sich viel einsparen,
änderte man nichts in letzten Jahren,
weil es sehr betriebsame Zeiten waren!

*

Geht der Betriebsgruppen-Leiter
durch seine Chemie-Betreibe weiter,
begrüßen ihn die Mitarbeiter.

*

Betriebsleiter prüfen ihre Projekte,
ob etwas in Verzögerung steckte
oder etwas Begehrlichkeit weckte.

*

Hat man einen Obermeister zum
Betriebsleiter gekürt,
was ihm ausbildungsmäßig nicht
gebührt,
wurde an fachlicher Hierarchie gerührt!

*

Wird einer durch Beziehung Meister,
zürnen in allen Betrieben die Geister,
und sein Ruf bleibt ein entgleister!

*

Es war stets zu unserem Besten,
Recycling-Gut vorher zu testen !

Prüfen Chemiker die Produkt-Qualität,
bevor Ware zur Auslieferung gerät,
ist´s für Korrekturen noch nicht zu spät!

*

Ist ein Chemiker bei der Feuerwehr,
lernt er dort selbst noch viel mehr,
aber hilft auch durch sein Wissen sehr!

*

Betriebs-Rundgänge sollten Chemiker
nicht oft verschieben:
Viel ereignet sich in den Betrieben,
als Kompromiss oder nach Belieben.

*

Oft sind es nur unscheinbare Sachen,
die Unkundigen Irritationen machen
und unsachgemäße Korrektur-
Vorschläge entfachen!

*

In der warmen Sommerszeit
stehen gerne Werkstudenten bereit.
Doch sie benötigen viel Geleit!

*

Hat sich Nachlässigkeit eingeschlichen,
sind nach Tagen noch nicht verblichen,
werden sie sodann gestrichen!

*

Wenn Mitarbeiter Krankheitstage
schinden,
um damit mehr Freizeit zu finden,
darf man sich keinen Bären aufbinden!

*

Gehen Controller durch die Anlagen,
erdreisten sich, Kommentare zu sagen,
die Betriebsleiter haben´s zu ertragen!

*

Sind alle Reaktoren gefüllt
und Dampf in die Kühler quillt,
ist die Neugier von Controllern gestillt!

*

Meldet sich ein Direktor im Betrieb an,
steht der Betrieb im Reinigungs-Bann,
wofür der große Boss gar nichts kann!

*

Mahlen, Sieben, Homogenisieren,
dann aliquote Teile separieren,
um sie ins Labor zu transportieren!

Nacht- und Feiertagsschichten,
erfüllen die Erwartungen mitnichten,
weil sich Mitarbeiter auf Entspannung
einrichten.

*

Ist die Belegschaft sehr leistungsbereit,
erhält sie einen geringen Bonus, der
zum Himmel schreit,
zumeist kommt es gar nicht so weit!

*

Es gibt Zeiten, da komplimentiert man
Chemiker mit 55 Jahren hinaus,
dann ist wieder der Nachwuchsmangel
ein Graus,
und sie bekommen noch mit 75 Jahren
in ihren Firmen Applaus!

*

Als Betriebsleiter bist du in einer argen
Sandwich-Position:
Unten Belegschaft, oben der Patron!
Das überfordert oft die Grundemotion!

*

Es bedarf wenig Phantasie,
bis die viel besagte „künstliche
Intelligenz, KI"
Eintritt findet in die Labor-Peripherie!

*

KI kann Führungskräfte substituieren.
Die brauchen sich nicht zu genieren,
mit KI können sie nicht konkurrieren!

*

Im Vergleich von KI mit einer
Führungskraft,
siegt KI wahrscheinlich meisterhaft,
denn sie schwimmt nicht im
Beziehungs-Saft!

*

Arbeiten Labors und Betriebe mit KI,
bereuen sie es vermutlich nie:
Es ist effizienter als die Leitungs-
Hierarchie!

*

„Wenn der Laborleiter so flucht,
war er wieder bei seinem Chef!"

Verwechselungen im Betrieb
sind Chemikern überhaupt nicht lieb,
weil man dadurch schon oft über
Unfälle schrieb.

*

Betriebs-Chemiker haben über die
Gebühren
exzellente Anweisungen auszuführen,
denn Verantwortung kann die Kehle
zuschnüren!

*

Schriftlichkeit erspart viel Leid!
Doch ist sie in Betrieben kaum
Gepflogenheit,
denn man käme sonst nicht weit!

*

Viele Anforderungen in Betrieben
sind in Gesetzen festgeschrieben,
nur selten läuft es frei nach Belieben.

*

8. Chemische Verfahren

Sind keine Lithium-Salze am Platz,
kommen Kationenionen-Austauscher
zum Einsatz,
oder andere Salze als Ersatz?!

*

Die Konzentration gefärbter Komplexe,
erzeugt durch Elektronen-Reflexe,
sind proportional der Metall-Indexe!

*

Analyse-Verfahren sind heute fast nur
von rein physikalischer Natur,
bezüglich der Atome bis zur Struktur.

*

Elektrophil oder nukleophil –
was ist der Reagenzien Ziel?
Experiment und Analysen sagen viel!

*

Wo ist das Bio-Polymer?
Es zersetzt sich weniger schwer,
zudem ist Silikon fast kohlenstoffleer!

*

Wenn bipolares Gas zyklisiert,
was meistens automatisch passiert,
hat man Heterozyklen synthetisiert.

*

Stoffe reagieren nach Methoden,
auf fest kalkulierbarem Boden.
Auch Bio-Reaktionen kamen in Moden.

*

Einiger Stoffe Schwerlöslichkeit
ermöglicht Reziprokizierbarkeit,
eine alte Chemiker-Weisheit!

*

„Soll ich mal vorlesen, Chef,
wie das Verfahren richtig geht?!"

Kaliumsulfid und Silbernitrat
stehen zur Herstellung von KNO_3 parat,
Weil Silbersulfid eine extreme
Schwerlöslichkeit hat.

*

Für viele chemische Präparate
stehen Namens-Reaktionen Pate,
mit guter Ausbeuten-Rate!

*

Während anorganische Reaktionen
sich mit 100 % Ausbeute lohnen,
sind in der Organik mehr
Gleichgewichte zu betonen.

*

Die Polymerisation,
eine Doppelbindungs-Spezialisation,
läuft nicht nur mit Kohlenstoff davon!

*

Will man Rhodium quantitativ trennen,
muss man das Reagenz „dien" nennen!
Man wird nichts Besseres kennen!

*

Ist das Tafelsilber rhodiniert,
damit kein Anlaufen passiert,
hat man es lange zu Tisch geführt.

*

Eine bekannte Routine-Reaktion
ist die chemische Neutralisation;
lernt es bei Kaffee und Milch schon.

*

pH-Wert heißt der Säuregrad,
der bei Reaktionen Bedeutung hat,
finden sie mit H- und OH-Ionen statt.

*

Nach der Van´t Hoff´schen Regel
bläst doppelter Wind in die Segel,
erhöht sich um 10° der Wärmepegel.

*

Von den bedeutenden Reaktions-
Exemplaren
gilt auch das Haber-Bosch-Verfahren,
denn es half beim Ressourcen-Sparen.

*

„So eine Soxhlet-Apparatur
extrahiert nicht nur,
sie schafft auch Einkristall-Struktur!"

„Wie bringt man ein „Acetyl"
an ein aromatisches Molekül?",
ist des Chemikers Kalkül.

*

In vielen Lebenszonen
vollziehen sich unzählige Reaktionen,
deren Erforschungen sich lohnen!

*

Bei vielen Stoffen ändert sich der Duft,
schon durch Oxidation an Luft,
seit Jahrmillionen optimal ausgebufft.

*

Auch die zeitliche Verwitterung
ist eine chemische Veränderung.
Mitunter verhelfen Mikroorganismen ihr
auf den Sprung.

*

Bildet Eisen ein braunes Oxid,
verläuft es in der Feuchte rapid,
da es sich poröse überzieht.

*

Zink und Aluminium
bilden eine Schutzschicht ringsherum.
So kommen Ihnen Oxidationen nicht
dumm!

*

Eine modernere Reaktion
ist die Flüssig-flüssig-Extraktion,
mit Lösungsmitteln und Automation.

*

Gold lässt sich mit MIBK isolieren,
aber auch mit Vitamin C präzipitieren,
ohne in Mutterlauge viel zu verlieren!

*

Viele Metalle lassen sich als Sulfid
niederschlagen,
quantitativ aus allen Lagen,
wodurch sie zu Trennungen beitragen.

*

Holz schütz man mit Lein.
Bei Metallen müssen es Lacke sein:
Schmelzpulver oder man taucht sie ein.

*

Spannend ist die Soxhlet-Extraktion
mit der Lösungsmittel-Limitation,
auch geeignet zur Grobkristallisation.

*

Metalle gewähren Koordinationen,
mit zwei bis acht Anionen,
in geordneten Dimensionen.

*

Die Cis- und Trans-Isomerie
kennen wir in organischer- wie
anorganischer Chemie,
und sterische Effekte unterstützen sie.

*

Stereo-Selektivität
ist, was Wirksamkeit verrät,
bei molekularer Identität.

*

Analysen laufen mit Farbreaktionen
über organische Komplex-Reaktionen:
Intensitäten zeigen Konzentrationen.

*

Ein Zauber, wenn violettes Manganat,
wandelt mit H_2O_2 in farbloses Format,
mit Lauge in kaffeebraunes Präzipitat.

*

Das Erkennen chemischer Strukturen,
schon aus winzigen Kristall-Spuren,
ist Fundament der Festkörper-Auguren.

*

Weit ist das Feld der Stoff-Komplexe,
erstaunlich ihre farbigen Farbreflexe
und die Chromatografie ihrer Kleckse.

*

Die nachhaltigsten Verfahrensvarianten
sind Eintopfreaktionen mit Reaktanden,
die quantitativ Produkte landen.

*

Wird ein neuer Kessel eingeweiht,
was eine Taufe Feierlichkeit verleiht,
ist´s Frau Direktor, die zur Tat schreit´!

*

„Diese Anlagen habe ich als
Chemiker selbst entworfen!"

Um Energie zu sparen,
eignen sich katalytische Verfahren,
die bei niedrigen Temperaturen garen!

*

Die Naturstoff-Chemie ist ein
interessantes Gebiet,
untersucht alles, was wächst und blüht,
aus dem man seine Schlüsse zieht.

*

Für die neue Röntgenfluoreszenz
bereitet man Proben mit Exzellenz:
Resultate sind die beste Referenz!

*

Für Chromatographie mit Massenspektrometer
gibt es keinen besseren Vertreter,
denn keine Analyse ist konkreter!

*

Verfahren mit Flüssig-Extraktion
bei konstanter Material-Infusion
passen gut zur Konti-Produktion.

*

Feststoff-Reaktionen unter Druck
verlaufen nicht mit einem Ruck,
führen aber zu preiswertem Schmuck!

*

Gewann man einst Farben der Natur,
wie Krapp, Indigo oder Purpur,
folgen sie heute synthetischer Spur!

*

Ohne Aerosol-Emission zu Filtrieren,
ist auch in Betrieben zu realisieren:
Man muss Absaugungen montieren!

*

Jede neue chemische Reaktion
mit fortschrittlicher Ambition
ermöglicht ein Patent als Lohn!

*

Metall-Recycling in seinen Prozessen
kann man ohne Säuren vergessen,
aber auch sie sind zurückzugewinnen,
unterdessen!

*

„…und taufe dich auf
den Namen KESSEL 17!"

Säuren lassen sich regenerieren,
vor allem durch Destillieren,
was besser ist, als zu neutralisieren!

*

Oh, Wunder der Soxhlet-Apparatur:
Sie extrahiert nicht nur,
sondern spart auch Lösungsmittel pur!

*

Wurde Quecksilber mit Zink
aufgenommen,
kann es dem Zink nicht entkommen,
bleibt selbst bei 800 °C in der Zinkoxid-
Haut geschwommen.

*

Neutrale Koordinations-Verbindungen
sind schwer in Lösung zu bringen!
Mit Umkomplexierung wird´s gelingen!

*

Aktivkohle dient als Filter für Spuren,
ohne weitere Armaturen,
mit Schmutzwasser lasst sich so kuren!

*

Der Ionenaustauscher ist ein gutes Instrument,
mit dem man Metalle abtrennt,
auf die man nicht besonders brennt!

*

Ionenaustauscher trennen einwertige
Ionen besser als zwei- und dreiwertige,
aber mit einem Durchgang sind
Lösungen noch keine fertige!

*

Ammonium-Metallkomplexe verlieren
beim Hochtemperatur-Kalzinieren
alles außer „Metall-Schwämme" zum
Weiterpräparieren.

*

Mit Chlor lassen sich Schwermetalle
bei Hitze verflüchtigen, in eine Falle:
Zurück bleiben die Edelmetalle!

*

Oft sind Verfahrens-Verbesserungen
schon im eigenen Labor gelungen,
von Laboranten, ganz ungezwungen!

9. Chemikanten

Analog zum Laboranten
arbeiten in Betrieben die Chemikanten.
In beiden Bereichen die Relevanten!

*

Das, was ein Laborant oder Chemikant
zustande bringt, ist stets relevant,
mitunter aber auch äußerst imposant!

*

Der Aufgabenbereich von einem
Chemikant´
ist vielen noch nicht bekannt.
Die Ausbildung ist mit der des
Laboranten verwandt.

*

„Nun vergessen Sie mal endlich
ihre Zeit im Varieté!"

Chemikanten steuern ganze Anlagen,
werden zum Vorarbeiter geschlagen.
Dabei kommt ihre Vielseitigkeit zum
Tragen.

*

Chemikanten lernen an NC-Maschinen,
können EDV-gesteuerte Anlagen
bedienen,
arbeiten unter Einhaltung von
Terminen.

*

Zur Nacht- und Schicht-Arbeit
ist jeder Chemikant gerne bereit,
weil es auch höheres Entgelt verleiht.

*

Auch die Chemikanten-Ausbildung
erstreckt sich über dreieinhalb Jahre,
einschließlich der Berufsschul-
Seminare,
auf dass ihre Qualität ein hohes Niveau
bewahre!

*

Arbeitet ein Chemikant im Chemikalien-Lager,
ist er zunächst ein eifriger Frager,
dann aber ein exzellenter Manager.

*

Chemikanten ignorieren „Geht-nicht!",
und wenn die Welt zusammenbricht,
sie strotzen vor Zuversicht!

*

Was sich auch verzieht und krümmt,
dem Chemikant´ gelingt, was er in die Hände nimmt,
und wenn er im Schweiße seines Angesichtes schwimmt.

*

Arbeitet ein cleverer Chemikant
einmal im Chemikalien-Versand,
macht er das mit Sinn und Verstand!

*

Trifft man sich im Pausenraum,
hält keiner seinen Unmut im Zaum,
denn Zurückhaltung kennen sie kaum.

„Haben wir keine größere Schaufel?!"

Bilden sich Chemikanten zum Meister
weiter,
haben sie darin schon viele Vorreiter,
der Weg ebnet sich zum Betriebsleiter.

*

Was Chemikanten auch anfassen,
auf ihre gute Arbeit kann man sich
verlassen,
auch dass sie nichts verschütten, gar
verprassen!

*

Der ausgelernte Chemikant,
als Geselle chemischer Betriebe
benannt,
war früher als Chemie-Facharbeiter
bekannt.

*

Chemiearbeiter kommen aus allen
Berufen,
um sich als Facharbeiter einzustufen,
bis die Betriebe Chemikanten schufen.

*

Chemikanten sind die Praktiker vor Ort:
Für sie ist die Arbeit ihr Lieblings-Sport,
denn sie schaffen munter in einem fort!

*

Es mehrten sich weibliche Kandidaten,
die eine Chemikanten-Lehre antraten,
denn sie ließen sich in einem
Praktikum dazu beraten.

*

Sucht man in den Chemie-Betrieben
Teens, die sich der praktischen Chemie
verschrieben,
sind es Chemikanten nach Belieben!

*

Auf sie kann man sich verlassen,
denn es klappt, was sie anfassen,
sie haben sich gut ausbilden lassen!

*

Bisher kam einigen in den Sinn,
zu einer Ausbildung als Chemikantin,
denn da steckt interessante Praxis drin!

*

Über ein schweres Heben und Tragen
in allen Arbeitsgängen und -lagen
muss sich kein Chemikant beklagen!

*

Gabelstapler und Hilfen zum Heben,
kann man in allen Betrieben erleben,
die gesundes Arbeitsklima anstreben!

*

Sicherheitsschuhe in den Betrieben
sind nicht auf altem Stand geblieben:
Chemikanten bezeugen, sie zu lieben.

*

An manchen alten Arbeitsplätzen
lässt sich Unbequemes nicht ersetzen,
auch wenn Betriebsräte ihre Messer
wetzen.

*

Bei entgeltlichen Erschwernis-Zulagen,
um harte Bedingungen zu ertragen,
sollte man freilich nach Optimierung
fragen!

*

„Hältst Du diese Multitasking-Übungen
wirklich für sinnvoll, Wolfgang?!"

Chemikanten haben ihren Betrieb
nicht immer gerne und lieb,
aber scheuen den Versetzungsschrieb.

*

Zu den Chemikanten gesellen sich
mehr Chemikantinnen, unterm Strich.
Aber das wird auch Zeit, endlich!

*

Arbeitssicherheit erfährt Innovationen,
die sich für jeden Chemikanten lohnen,
um seine Gesundheit zu schonen!

*

Chemikanten müssen sich fortbilden,
denn sie arbeiten in riskanten Gefilden,
zwischen heißen Reaktoren und
Aggregat-Gebilden!

*

Der duftende Pharma-Betrieb
ist den Chemikantinnen besonders lieb,
so dass Manche für immer dort blieb!

*

Erleidet ein Chemikant einen Unfall,
durch Stoffe oder Explosions-Knall,
hilft die BG Chemie oder BG Metall!

*

Die Welt der Chemie-Anlagen
kennen Chemikanten in allen Lagen!
Man braucht sie nur zu fragen.

*

Frauen lieben die Edelstahl-Aggregate,
stehen für ihre Reaktor-Anlage Pate,
besonders die Chemikantin Agathe!

*

Wird man zur Weiterbildung geschickt,
damit man als Chemikant die neue
Programmierung überblickt,
ist man deshalb keineswegs geknickt!

*

Sie gehen auf Messwarten-Schicht,
und langweilen sich dabei nicht,
weil Vieles für diesen Job spricht!

*

Chemikanten, die quer denken,
lassen sich nichts schenken,
aber auch nicht leicht lenken!

Intensiv buhlen die Firmen-Lenker
um Chemikanten als Querdenker,
doch nur um devote, weiß der Henker!

*

Chemikanten sind clever und smart,
gute Auffassungsgabe ist ihre Art,
stets sind sie eifrig am Start!

*

Sie sind die Chemikanten
und ziehen wie Musikanten
über die Landstraßen bis nach Xanten.

*

Chemiearbeiter kommen von entfernt,
werden schnell in Betrieben angelernt,
wie Angela, Werner, Heinz und Bert!

*

Früher Friseur, heute Chemikant,
für ihn ein ganz neues Land,
aber mit mehr Geld auf der Hand!

*

Des manchen Chemikanten Last,
wenn ihn der Chef mal hasst
und zu drakonischen Mitteln fasst.

Ein altgedienter Chemikant
hatte seine Karriere in der Hand,
er war Vorgesetzten sehr zugewandt!

*

Laboranten tragen Kittel in Weiß,
Chemikanten in Grau mit viel Schweiß:
Die Arbeit ist mal schwer und heiß!

*

Chemikanten wissen sich zu wehren,
will man ihre Arbeit arg erschweren:
Da können sich Betriebsräte bewähren!

*

Ist die Arbeit auch mal schwer,
Chemikanten schaffen Hilfsmittel her,
denn Arbeitsschutz schätzen sie sehr!

*

Lasten hebt man besser zu zweit,
denn Kollegen stehen nicht weit,
und es steigert die Verbundenheit!

*

10. Chemiker im Ausland

Werden Chemiker ins Ausland versetzt,
was ein Unternehmen überaus schätzt,
wird dessen gesamtes Umfeld verletzt!

*

Umzug, Erlernen einer neuen Sprache,
alles keine einfache Sache!
Ehepartner fallen oft in eine Lache!

*

Auslands-Aufenthalte schaffen
Erfahrungs-Freude,
trifft man nur auf die richtigen Leute,
weshalb manch´ Chemiker das
Auslands-Abenteuer scheute.

*

„Der Chemiker soll nach Indien versetzt
werden. Sie Firma hat ihm schon mal
ein Nagelbrett zur Akklimatisierung
besorgt!"

Kaum verdient man im Ausland mehr,
als daheim mit seinem Konzern-Salär,
Entlassung im Ausland wäre prekär!

*

Im Ausland herrschen oft raue Sitten
und der unerfahrenen in der Mitten!
So hat mancher schon arg gelitten!

*

Im Ausland leben auch Desperados,
verwehrte Rückkehr ist ihr Los,
und einige verwahrlosen bloß.

*

Glückseligkeit, gibt es zu bedenken,
kann keine Firma im Ausland
schenken,
aber sie sollte das Projekt wenigstens
gut lenken!

*

Jedes Land hat spezielle Tücken,
in Firmen bestehen dazu arge Lücken,
selbst bei lobvollem Ausschmücken!

*

Im Ausland fehlt es oft an Material
und Import-Zölle sind fatal,
so bleibt das Improvisieren als Final!

*

In armen Ländern fehlt es an Stoffen,
auf die Chemiker vergeblich hoffen,
aber für Alternativen ist jeder offen!

*

Direktoren reisen oft zu ihren Filialen,
in die USA oder nach Bengalen,
in Luxus-Hotels, die extrem feudalen.

*

Vielflieger erhalten einen Bonus,
nutzen die Senator-Klasse mit Luxus,
und in der 1. Klasse manchen Genuss.

*

Wer lange im Ausland leben muss,
ist oft weit vom Firmen-Schuss,
mit gewohntem Sozialleben ist Schluss!

*

Man hat sich an die fremde Sprache zu
gewöhnen,
daran, dass Firmen nicht den Einsatz
löhnen,
aber „Andere haben das auch
geschafft!" tönen.

*

Familien müssen viele Kompromisse
machen,
wenn Herausforderungen im Ausland
lachen,
und neue Lebenspläne entfachen.

*

Hat man den Auslands-Job gemeistert,
sind Firmen über eine Rückkehr nicht
begeistert,
denn alle Positionen sind zugekleistert.

*

Oft fehlt nach dem Auslands-Aufenthalt
der Anschluss-Job, der einst galt,
und für Fairness fehlt der Anwalt.

*

Bei drei bis sechs Monaten Ausland
reicht man der Firma gern´ die Hand,
für länger wird es richtiger Aufwand!

*

In einigen Auslands-Filialen
können Chemikanten als Bosse
prahlen,
über ungewohnten Luxus strahlen.

*

Oft besetzen Desperados Positionen,
die ausschweifend leben und wohnen,
sich aber für Chemiker nicht lohnen.

*

Chemiker mit Beziehungskisten
können sich in den USA einnisten
oder den Auslandstripp kurz befristen!

*

Hat man den Auslands-Job abgelehnt,
sich nach Heimat und Familie sehnt,
hat man den Unternehmensbogen zum
Nachteil überdehnt!

*

Für Auslands-Einsätze haben
Chemiker bereit zu sein,
heben damit einen schweren Stein,
und lösen damit keine Karriere-
Garantie ein!

*

Wer alleine im fernen Ausland lebt
und nicht nach Integration strebt,
hat meistens an Depression geklebt.

*

Gehen Chemiker auf längere Reisen,
müssen sie den Firmen-Ruf beweisen
und nicht um Ausflüchte kreisen.

*

Gehen Dienstreisen über Monate,
achten Chemiker auf die Auslöserate,
schließlich sind sie Firmen-Pate.

*

Schickt man Laien zu Exil-Filialen,
ohne sie ausreichend zu bezahlen,
werden sie schuldlos zu Vandalen!

*

Sind Firmen die Auslands-Erfahrungen
ihrer Mitarbeiter nicht zu nutzen
gelungen,
sind Potenziale einfach verklungen.

*

Im englisch-sprachigen Ausland
liegt die Verständigung auf der Hand,
asiatische Länder fordern da mehr
Sprach-Verstand!

*

Für die Entsendung nach Russland,
ist nicht jeder Chemiker entbrannt,
es sei, mit lukrativem Rückkehr-Pfand!

*

Weit ist das Land Australien,
doch voller Rohstoffe für Chemikalien
sowie phantastischer Mineralien!

*

Schickt man Chemiker zu den Inuit´,
nehmen sie besser einen Ofen mit,
fotovoltaisch betrieben, oder mit Aspit.

*

Andere Länder, andere Anforderungen:
Gelbfieber, Skorpione, Schlangen,
und in Genügsamkeit gefangen.

*

Unwetter, Waldbrände, Kriminalität,
fehlende Ärzte, Arzneimittel-Kalamität,
Verkehrsunfälle und fehlendes Gerät!

*

Neue Länder, welch Verheißen!
Manche lassen sich dadurch hinreißen,
wo Andere sich in die Zähne beißen.

*

Ein dienstlicher Auslands-Aufenthalt,
bei dem perfekte Planung galt,
ist wie eine Tannennadel im Urwald!

*

Nicht immer werden Inlandskosten
kompensiert,
was Sozialabgaben, Versicherungen
und Mieten gebührt,
so dass man einen Entgeltteil verliert!

*

Die Inflation in anderen Ländern
kann die Gehalts-Situation arg ändern,
nicht nur an unbedeutenden Rändern!

*

Neue Länder dienstlich zu erkunden,
ist zumeist mit Abenteuer verbunden!
Da hätt´ man sich gerne geschunden.

*

Fremde Länder, fremde Sitten,
ein deutscher Chemiker in der Mitten.
Er passt sich an, unbestritten!

*

Bei der Wahl, ins Ausland zu gehen,
kann es um ganz Windiges gehen:
Ohne Rückhalt kann viel geschehen!

*

Wen das Abenteuer juckt
und gerne in die Hände spuckt,
hat sich auch nicht vor einem
Auslands-Aufenthalt geduckt.

*

„Ich komme mir etwas
overdresst vor, Elvira!"

Nach China schaut die ganze Welt,
keine Firma, die keine Filiale unterhält,
was Chemikern dort aber schwer fällt!

*

Der Kontakt zur Muttergesellschaft
erweist sich nicht immer als fabelhaft,
und Improvisation kostet viel Kraft!

*

Mit ausländischen Gegebenheiten,
ein Leben in unbekannten Weiten,
kann ohne Hilfe keine Erfolge bereiten!

*

Im Ausland macht man als Laie
alle Arbeiten ins offene Freie –
erntet mitunter laute Schreie!

*

Giftige Tiere, Viren, Infekte –
kaum einer, der sich nicht ansteckte!
Wer zahlt die Schäden dieser Defekte?

*

Begleitet die Familie ins Ausland,
hat man weitere Sorgen an der Hand:
Den Wunsch nach erweitertem
Sozialverband.

*

Ist die Familie zum Ausland bereit,
alle verfügen über Tropentauglichkeit,
wird es vielleicht eine interessante
Erfahrungszeit.

*

Fragt man auslandserfahrene Kollegen,
deren Naturell abgeklärt, tiefgelegen,
empfehlen sie, sich nicht quer zu legen!

*

Kommt dem Unternehmen in den Sinn,
für Direktoren wäre Ausland Gewinn,
reisen sie ein Jahr nach England hin!

*

Waren Entsendungen ein Debakel,
machen Firmen daraus kein Spektakel,
leugnen gar ihren Organisations-Makel!

*

Entsendungs-Management ist sehr
umfangreich,
und damit auch kostspielig zugleich,
deshalb spielt es so manchen Streich!

*

Große Konzerne verfügen über ein
Sprachlabor,
bereiten ihre Auslands-Kandidaten
lange vor.
Bei kleinen Firmen bleibt der Kandidat
der arme Tor.

*

Eine Sprache schnell zu lernen,
bevor sie sich in fremde Länder
entfernen,
steht für die Meisten in den Sternen!

*

Internationale Kooperationen
Fordern Informations-Austausch auf
allen Stationen!
Das kann sich auch für Chemiker
lohnen!

*

Kommt man in exotische Zivilisation
und nicht auf eine einsame Station,
sitzt man schon halb auf einem Thron!

*

Familien ins Ausland zu schicken,
wird Unternehmen selten glücken,
weil sie oft in der Fremde ersticken.

*

Steht eine Firma voll hinter einem
Auslands-Projekt,
hat es viel Engagement hineingesteckt,
nicht nur lasche Arme ausgestreckt!

*

Andere Länder, anderen Sitten –
und deutsche Chemiker in der Mitten!
Die Entsendung war kaum erstritten!

*

Warum brauchen Unternehmen
ihre Chemiker im Irak oder Jemen?
Weil sie ohne Transfer nicht auskämen!

*

Unternehmen stellen sich vor:
Ins Ausland müsste jeder Direktor,
zum Leben in anderem Kultur-Sektor!

*

Personal-Bosse geben sich schlau:
Ein halbes Jahr weilen sie zur Schau,
um behaupten zu können: Auslands-
Entsendungen kennen sie genau.

*

Bewirbt sich auf eine Auslandsstelle
ein Chemiker noch als Junggeselle,
ist er dort leiert, ganz auf die Schnelle!

*

Wie viele einst glückliche Ehepaare
fanden in ihrem Entsendungsland nicht
das Wahre,
und trennten sich dort über die Jahre.

*

Ledige sehen das Ausland als Gewinn,
haben sie das Abenteuer im Sinn.
Dafür nehmen sie auch Opfer hin!

*

„Kann der uns etwa verstehen?!"

Der Opfergang ins Ausland ist leichter
zu ertragen,
erhält der Chemiker verlässliche
Karriere-Zusagen!
Sonst schlägt´s ihm oft auf den Magen!

*

Grausam zeigten sich die Strafen,
die Entsendungs-Unwillige trafen:
Keinem zeigte die Firma einen Hafen!

*

Einst weitete sich das Herz der Länder:
Alle trugen Globalisierungs-Gewänder,
dann bauten sie an Grenzen Geländer!

*

Politische Risiken treten zu Tage,
verschlimmern der Expatriates Lage,
stellen Auslands-Einsätze in Frage!

*

Wem Gott will rechte Gunst erweisen,
den behält er in heimatlichen Kreisen
lässt ihn nicht ins Abenteuer reisen!

*

Wird ein Chemiker in scharfer Predigt
mit der Familie ins Ausland genötigt,
wird er evtl. für´s Leben geschädigt!

*

Multinationale Konzerne
entsenden Chemiker gerne
in die entlegenste Ferne!

*

Ein gutes Entsendungs-Management,
das man selten in Unternehmen kennt,
fördert die Auslandslust vehement!

*

Auch im Ausland müssen Konditionen
die Entsendeten vor Ungemach
schonen
sowie auch gerecht entlohnen!

*

Schickt dich der Unternehmens-Stab
ins Ausland, ist das kein Felsengrab!
Aber brich nicht alle Brücken hinter dir
ab!

*

Das Telefonieren aus fernem Land
geht nicht so einfach von der Hand,
und hohe Kosten sind eine Schand`!

*

An Spinnen, Schlangen, Skorpione
gewöhnt man sich nicht so ohne,
so man die Gesundheit der Familie
schone.

*

Von liebgewordenen Lebensmitteln
muss man die Gewohnheit abschütteln,
dem Körper andere Speisen vermitteln.

*

Wer einer Entsendung entgegensteht,
merkt, dass es ihm übel ergeht,
da keine Karriere-Fahne mehr weht.

*

Verweigern Firmen ihren Mitarbeitern
im Ausland
Unterstützung und eine helfende Hand,
verschenken sie ein großes Pfand!

*

Sind im Ausland Inflation, Kriminalität
und Kultur
mit Heimat nicht vergleichbar die Spur,
hagelt es Verzweiflung pur!

*

Musst du ´ne fremde Sprache erlernen,
um sich nicht von den neuen Kollegen
zu entfernen,
begehst du raue Wege zu den Sternen!

*

Hat dir dein Unternehmen quittiert,
mit einem Plan, wohin es dich führt,
bist du gleich doppelt so ambitioniert!

*

Wie gut könnte dir das Ausland stehen,
so Pläne nach rechten Dingen gehen
und Unternehmen das auch einsehen!

*

„Bloß weg aus Deutschland!“,
riefen sie, die nichts mehr verband.
Doch fernab regiert eine andere Hand!

*

Ist die ausländische Firma auch weit,
das Eingewöhnen braucht seine Zeit -
das Umfeld bedenke man gescheit!

*

Tropentauglichkeit heißt nicht
tropenfest:
Ärztliche Versorgung ist weit,
und bis dahin bleibt oft nicht die Zeit!

*

Einst lockte verheißungsvoll die Ferne,
das andere Leben, die anderen Sterne.
Bald wäre man wieder daheim, so
gerne!

*

Wächst das Heimweh mit jedem Tag,
weil die Fremde einen nicht mag,
kommt die Reue mit einem Schlag.

*

Freddy Quinn sang einst von Fremde,
in tropischem Wind wehte sein Hemde,
aber für ihn kam dort bald das Ende!

*

11. Risiken in der Chemie

In der Chemie kann es leicht zu
Verwechslungen kommen,
denn hat man Sulfit statt Sulfat
genommen,
hat die Reaktion einen anderen Berg
erklommen!

*

Schon oft haben Chemiker erlebt,
dass man Schilder über andere klebt,
fällt das obere ab, kann sein, dass die
Hölle bebt!

*

Knallgas-Explosionen durch Platin,
katalytisch mit raschem Beginn,
rafft ganze Gebäude dahin!

*

Platin und Halogene
bilden starke Allergene!
An dem Platin das weniger Schöne!

*

Gefahrstoffe brennen, explodieren,
sind giftig, ätzend, korrodieren,
schaden der Umwelt über Gebühren!

*

Vor Verwechselungen in der Chemie
wappnet man sich letztlich nie
oder es wäre eine Utopie!

*

Stoffe bergen oft intrinsische Gefahren!
Zwar wissen Chemiker das seit Jahren,
aber Firmen wollen Verschwiegenheit
wahren!

*

Bei inkompatiblen Stoffen
können Labor-Mitarbeiter nur hoffen,
denn der Reaktions-Ablauf ist offen.

*

Inkompatible Reaktionen
führen oft zu Explosionen!
Es gilt, sich präventiv zu schonen!

Erst das Wasser, dann die Säure,
sonst passiert das Ungeheure,
und aus dem Gefäß spritzt die Teure!

*

Zyankali entwickelt Giftgas:
Schon mit Wasser geschieht das,
und der Laborant wird leichenblass.

*

Dass Furan auch ein Ether ist,
mit seiner Peroxidbildungs-List:
Gut, wenn´s jeder Laborarbeiter wüst´!

*

Reines, kristallines Ammoniumnitrat,
was selbst kein Spreng-Potenzial hat,
entfaltet es aber mit Metallspuren glatt!

*

Will ein Chemiker experimentieren,
muss er sich über explosive Stoffe
informieren,
auch wenn sie in Nebenreaktionen
passieren!

*

So man rechte Vorkehrungen schafft,
ist man hinreichend verantwortlich für
eine Betriebs-Mannschaft,
sonst gerät man schnell in
Unterlassungs-Haft.

*

Leichte oder schwere Fahrlässigkeit
sind für einen Betriebsleiter nicht weit,
es bietet sich vielfache Gelegenheit!

*

Gutes Verhältnis zur Gewerbeaufsicht,
auf das ein Chemiker nicht verzicht´,
hilft ihm selbst noch vor Gericht!

*

Umwelt-Ingenieure stehen zur Seite,
für Betrieb und seine Leute,
helfen in aller Tiefe und Breite!

*

Mit Umweltschutz und Arbeitssicherheit
bringen es chemische Betriebe weit,
denn Umsicht ist ihr oberstes Geleit!

*

Steckte ein eifriger Chemikant
eine Pumpe in das H_2O_2-Fass, das
neben dem Kollegen stand,
war dieser beim Bersten weggerannt!

Gar mancher Kühlschrank explodierte,
weil man Lösungen offen deponierte
und keinen EX-Schutz installierte!

*

In des Winters Kälte und Glätte:
Schön, wenn jeder Profilsohlen hätte,
auch auf dem Weg zur Betriebsstätte.

*

Viele sind schon auf spiegelglatten
Eisflächen
erlegen ihrer Fortbewegungs-
Schwächen,
mussten sich die Knochen brechen!

*

Schweres Heben ist nicht angesagt,
weil jeder nach Hebehilfen fragt,
und sich kein Chemikant mehr plagt!

*

Geräte haben eine Betriebsanweisung
mit eingehender Sicherheits-Erklärung,
in des Betriebsleiters Verantwortung!

*

Gesundheits-Checks bei Medizinern
gebührt besonders Anlagen-Bedienern
sowie den Emissions-Schlawinern.

*

H_2O_2 wird unter 30 % eingesetzt,
weil es sich konzentrierter zersetzt
und den Behälter auseinanderpetzt.

*

Laborglas aus Borsilikat
besteht aus Borax und Spat:
Man hält es von Fensterglas separat!

*

Flusssäure wird in Teflon hantiert,
damit kein Korrosions-Angriff passiert,
denn Laborglas ist schnell attackiert!

*

Nicht ex-geschützte Kühlschränke
konterkarieren so manche Denke:
Explodieren über Tische und Bänke!

*

Wird ein Stoff-Schild überklebt,
hat man oft Verwechselungen erlebt!

Mit persönlicher Schutzausrüstung
arbeitet man sicher an der Bühnen-
Brüstung,
vollbringt die volle Arbeits-Leistung!

*

Ist ein Chemiearbeiter der deutschen
Sprache nicht mächtig,
wird auch sein Verhalten verdächtig,
arbeitet er ansonsten auch prächtig!

*

Facharbeiter kennen sich hinreichend
mit Chemikalien aus,
bei den Angelernten ist das ein Graus.
Für Sicherheit verbürgt sich das Haus!

*

Ohne gut organisiertes Ereignis-
Management
entsteht im Ernstfall Chaos, wie man
kennt,
weil den Sachverhalt jeder anders
benennt!

*

Bei chemischen Großereignissen
reagieren die Medien recht verbissen,
weil sie auch über Hintergründe
berichten müssen!

*

Top-Thema ist die Supervision,
im Labor und in der Produktion,
zusammen mit der Prävention!

*

Der hinreichende Schutz der Umwelt
ist ein chemisches Betätigungsfeld:
Es kostet Engagement und viel Geld!

*

Haben Firmen an Sicherheit gespart,
bleiben bei zurückhaltender Gangart,
verläuft das mit Unfällen gepaart!

*

Will man sich vor Unfällen verschonen,
kann sich Wissen um „inkompatible
Reaktionen"
durchaus gewaltig lohnen!

*

Immer wieder das Ammoniumnitrat,
das gewaltiges Spreng-Potenzial hat:
Ganze Stadtteile machte es platt!

*

Wer weiß schon vom Tetrahydrofuran,
dass es Explosionen vollführen kann?
Verletzte gibt es dann und wann!

*

Erfahrene Chemiker warnen davor,
der Vereinigung von Wasserstoff mit
Chlor,
denn die Explosion ist reinster Horror!

*

Stickstofftrichlorid, ein Höllenzeug,
vor dem man sich ehrfürchtig verbeug´,
schon wenn man die schwarzen
Kristalle beäug´!

*

Nitritoammin-Verbindungen zünden
aus Temperaturerhöhungs-Gründen,
und können in Bränden münden!

*

Für aufgeblähte Fässer
halten Betriebs-Feuerwehren
z. B. eine Armbrust bereit!

Hat sich ein Fass mächtig aufgebläht,
ist es ratsam, wenn man ihm aus dem
Wege geht,
da ein Spezialist zur Verfügung steht!

*

Kleinere Betriebe halten gute
Beziehungen
zu den Wehren der Umgebungen,
denn oft ist so eine schnelle Brand-
Bekämpfung gelungen!

*

Wo doch schon immer Ethik-Richtlinien
galten,
werden Unfall-Ursachen oft unter der
Decke gehalten,
um Versicherungs-Bedenken
auszuschalten!

*

Bei Krebs erzeugenden Substanzen
kann man sich im Großen und Ganzen
kaum hinter Grenzwerten verschanzen!

*

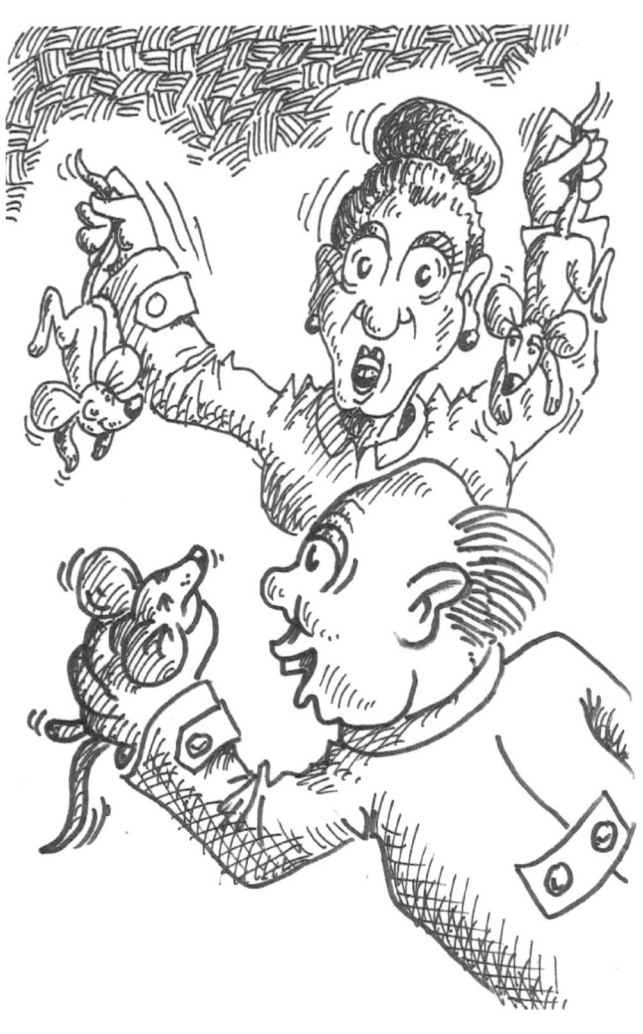

„Nehmen wir die überlebenden Ratten
doch für unsere Enkelkinder mit!"

Für die Giftwirkung von Stoffen
darf man auf die Kondition von Ratten
hoffen.
Wenn sie sterben, ist auch der Mensch
betroffen!

*

Versuchstiere werden extra gezüchtet,
sind uns für Tests verpflichtet,
werden dabei zum Teil vernichtet!

*

Stoffe, an denen 50 % der Ratten
keine Überlebens-Chancen hatten,
müssen Aussagen zu Toxen gestatten!

*

Die Chemie ist ein riskantes Feld.
Sie ist es aber auch, die viel Geld
für den Arbeitsschutz bereithält.

*

Risiken bestehen in chronischen und
akuten Giften,
die trotz der Sicherheits-Vorschriften,
aus Behältern und Abzügen driften!

12. Chemiker auf Abwegen

BAYER kaufte das giftige Glyphosat,
als ob man dort keine Sensibilität hat.
Nur einige Aktionäre zeigten Rückgrat!

*

Die krebserregenden Weichmacher
halten Chemiker für einen Kracher,
dabei sind Folien Krebs-Vervielfacher.

*

Schadstoffe sammeln sich im Wasser,
Verantwortungslosigkeit wird krasser,
die Menschen blass und blasser!

*

„Carlos, was ist denn in Sie gefahren –
die Belegschaft, nicht wir sollen
sparen!"

Nach DDT hatte man sich gesehnt,
den Einsatz mit Nobel-Preis gekrönt,
bis in der Natur kein Vogel mehr tönt!

*

Trotz Grenzwerte und Einsatzverbote
verursachen Gifte tausende Tote:
Schuldner und Verantwortung stehen
nicht im Lote!

*

Wer kümmert sich im indischen Bhopal
um die Millionen Geschädigten mal
nach dem UNION CARBIDE-Fatal?

*

Was machen Chemiker
als mitschuldige Techniker?
Sie schicken Anwälte als Zyniker!

*

Als ein Chemiker über Risiko schrieb,
das beim Abrennen von Wachskerzen
verblieb,
versetzte ihm der Hersteller einen Hieb!

*

Gewissenloser Patent-Klau
vollzieht sich im eigenen Firmenbau:
Der Kreative ist oft eine arme Sau!

*

Ein Chemie-Chef hatte einst geraten:
„Rede mit Experten anderer Staaten!
Unsere Patente beruhen alle auf Ideen,
die wir von externen Kollegen erbaten!"

*

Mikroplastik ist ein Damokles-Schwert:
Ist seine Verbreitung die Vorteile wert?
Kunststoffe sind verflucht und begehrt.

*

Mikroplastik noch zu synthetisieren,
sollten sich Chemiker aber genieren,
denn es ist schwer zu isolieren!

*

Warum sind Folgenabschätzungen
von Techniken so selten gelungen?
Da zerbeißen sich Leute die Zungen.

*

„… und jetzt zeigen die Huber-Zwillinge Ihnen die neuste Pharma-Synthese!"

Mit Glyphosat und anderen Pestiziden
gibt es noch lange keinen Frieden,
solange Tiere für immer verschieden!

*

Ethik-Regeln auf der einen Seite,
auf der anderen die Horror-Breite.
Da sucht man doch schnell das Weite!

*

Vor Pleiten noch schnell Gelder leihen,
ohne die Anleger einzuweihen:
Das werden sie Banken nie verzeihen!

*

Belegschaften stöhnen aus dem letzten
Loch,
„Sparen!" heißt die Devise jetzt doch,
nur die Direktions-Boni steigen hoch!

*

Der Belegschaft „Wasser" predigen,
sich selbst mit „Wein" entschädigen,
lässt sich von Bossen leicht erledigen!

*

13. Die chemische Verschwörung

Unfälle werden oft verschwiegen,
auch wenn Aufklärungen im
allgemeinen Interesse liegen,
PR vermag Medien klein zu kriegen!

*

Mit Großanzeigen von Konzernen
verbleiben Medien in ihren Zisternen,
überlassen denen die Lobgesänge bis
zu den Sternen.

*

Produkt-Risiken werden klein gehalten,
Erfolge will man offen verwalten,
als ob niemals Ethik-Richtlinien galten!

*

„Ich wünsche mir von Ihnen ebenso viel Demut,
wie von ihrem Betriebsrats-Vorsitzenden!"

Chemie-Verbände tanzen in Brüssel,
tauchen in alle Gesetzes-Vorhaben ihre
Rüssel,
servieren den Konzernen goldene
Schüssel.

*

Mit Kartellen ist gut Handeltreiben,
kaum einer wollte außen bleiben:
Einfacher kann man keine Schwarzen
Zahlen schreiben!

*

Viele chemische Unternehmen
wollten sich der Kartelle nicht schämen,
sondern Strafen in Kauf nehmen.

*

Nicht alle Kartelle wurden aufgedeckt,
manche waren schon aufgeschreckt,
haben sich noch heimlich versteckt.

*

Manche Kartelle haben gelernt,
sich aus den Risikobereichen entfernt:
So bleibt der Handels-Himmel besternt!

Auf hohen Positionen sitzend
trifft man die eitlen Bosse an:
verteidigend und schwitzend
lassen sie keine Besseren ran!

Viele Pestizide sind heute verboten,
bekamen früher sogar gute Noten:
Unverantwortlich, diese Zoten!

*

Chemiekonzerne mögen keine Kritiker:
Sie beschäftigen brutale
Verheimlichungs-Taktiker,
bekämpfen kritische Arbeiter wie auch
Akademiker.

*

„Querdenker sind bei uns sehr gefragt!"
hatte die Chemische Industrie gesagt,
es dann aber wieder schnell vertagt!

*

Querdenker sollen in die richtige
Richtung denken,
aber sie lassen sich nicht recht lenken,
weigern sich, sture Gefolgschaft zu
schenken!

*

Chemiker, die Lobhymnen verweigern,
können Karrieren kaum steigern,
stehen vor abwärts deutenden Zeigern.

*

Mit „Responsible Care" versuchte der
Chemie-Verband
Image-Förderung, mit dem Rücken an
der Wand,
aber vielen Chemie-Firmen reichte sie
vergeblich die Hand!

*

Bhopal verseuchte Union Carbide.
Das ging im Westen in Vergessenheit,
erzeugte jedoch unendlich viel Leid!

*

Oppau steht für eine Riesen-Explosion,
500 Tote, wer gedenkt ihnen schon?!
Die Aufklärung spottet Hohn.

*

Versehrte durch Arbeits-Chemikalien
erleben schmerzlich „Drangsalien"
im Kampf um unzählige Formalien!

Das gläserne Büro des Chemikers

Berufsgenossenschaften bieten
Arbeitsschutz-Prävention,
für Bosse selten eine Info-Station,
als wüssten sie alles besser schon.

*

Arbeitsschutz, eine lästige Position!
Kümmerer verrichten das schon!
Im Ernstfall stehen Juristen in Lohn.

*

Gefahren mit Wasserstoff
zeigte die Zeppelin-Explosion schroff.
Es ist und bleibt ein riskanter Stoff!

*

Der Weichmacher Biphenol A
ist in Kunststoffen schon lange da,
löslich in Wasser bei hohem pH!

*

Der Chemiker wird heftig drangsaliert,
wenn er nicht wunschgemäß pariert.
Kein Wunder, wenn er die Nerven
verliert!

*

Da legte ein verzweifelter Chemiker
7 Tonnen Silber beiseite, als Zyniker,
er war ein gedemütigter Akademiker.

*

Bei dem krebserregenden Asbest
stand Schädlichkeit schon lange fest,
aber keiner übte wirksam Protest!

*

BAYER übernimmt sich mit Glyphosat,
macht bei den Aktionären keinen Staat,
weil man hohe Entschädigungen zahlt!

*

Die Ofen-Emissionen von „Dioxin"
nehmen Aufsichtsbehörden weiter hin,
entgegen vom 17. BImSchV-Sinn!

*

Schwefeldioxid aus Kohlefeuerung
führt zu hoher Luft-Kontaminierung,
aber keiner ist auf dem Sprung!

*

Chemiker huldigen blind ihre Produkte,
keiner, der die Gifte einmal anspuckte,
weil jeder gehorchte, sich duckte!

*

Die PFAS-Ewigkeits-Chemikalien
sind für Menschen reine „Drangsalien",
wie die ewigen Flüchtlinge in Italien!

*

Giftige, ewig haltbare Verbindungen:
Einerseits segensreiche Erfindungen,
andererseits mit argen Auswirkungen!

*

Das krebserregende PFAS findet man
schon bei den Pinguinen,
in der Muttermilch und bei Beduinen,
als lebensverkürzende Tretminen!

*

Kennen Chemiker ihre Produkte?
Gibt es Chemiker, der mal aufmuckte?
Einen, dem es bei seinen giftigen
Stoffen durchzuckte?

„Chemiker Dr. von Senftleben! –
wollen Sie unser Querdenker-Team
boykottieren?!"

Patent-Mafias verteidigen Erfindungen,
damit keine Alternativen eindringen,
zugunsten ihrer Erfindervergütungen.

*

Hunderte von Hochschulkooperationen
sollen sich für Chemie-Firmen lohnen,
und Forschungs-Budgets schonen.

*

Fairness darf man nicht erwarten,
wenn Verfahren erfolgreich starten,
Unbeteiligte zur Auszeichnung geraten!

*

„Die Chemie ist grundsätzlich gut!"
Hat jemand etwas gegen dieses Statut,
braucht er unendlich viel Mut!

*

Die Chemie setzt sich für Umwelt und
Soziales ein,
dabei zerreißt sie sich kein Bein:
Zig Beispiele unterstützen den Schein!

*

Kartelle haben der Chemie-Industrie
Gewinne gebracht, wie noch nie!
Dann flog sie auf, die kriminelle Manie.

*

Über Preis- und Gebiets-Absprachen
konnten Unternehmen lange lachen
und hochpreisige Geschäfte machen.

*

Im Schatten der Kartelle
stand Forschung an zweiter Stelle,
als weniger ergiebige Quelle.

*

Konzerne können aus ihren Kreisen
auf Dutzende Wohltaten verweisen,
aber Schäden verbleiben im Leisen!

*

Die Firma Elwenn & Frankenbach
hielt lange die Behörden schwach,
dann lag das Gift-Gelände brach.

*

Marktredwitzens Chemische Fabrik
verheimlichte 100 Jahre mit Trick
ihr verseuchtes Gift-Grundstück!

*

Das Investitions-Folgengesetz
knüpft nur ein sehr löcheriges Netz,
viele Sanierungen laufen noch jetzt!

*

Die Interessen-Gemeinschaft Eurochlor
geht vehement gegen Kritiker vor,
verteidigt die Chlor-Chemie wie ein
Fußballtor!

*

30 Prozent der Erfinder-Vergütung
erwarten Chefs der Chemie-Abteilung!
Wer macht da noch kreativen Sprung?!

*

Unternehmen scheuen sich nicht,
Genehmigungen für riskante Anlagen
mit vagen Daten zu beantragen!
Dem Umfeld geht´s an den Kragen!

„Komm´, Erich! – Du bist doch der
Erfinder dieses Verfahrens!“

„Das Kind nicht mit dem Bade
ausschütten!"
heißt es beim Genehmigungs-Erbitten,
wenn Anträge an Genauigkeit litten.

*

Früher lebten Bosse in Bescheidenheit,
heute machen sie sich groß und breit,
bei jeder sich bietenden Gelegenheit.

*

Chemie-Firmen, die arg übertreiben,
werden nicht lange am Markt bleiben:
Fakten übertrumpfen das Schreiben!

*

Mit unerlaubten Interessens-Kartellen,
lässt sich kein ehrliches Unternehmen
aufstellen:
Das sieht man in vielen Fällen!

*

„Vernetzung" heißt das Zauberwort
für Manager aus dem mittleren Hort,
sonst wären sie lange schon fort!

„Na, Dr. Krause, was sagen Sie
zu Ihrem zukünftigen Chef ?!"

14. Philosophen und Chemie

Beschäftigen Firmen Philosophen?
Gar zur Vermeidung von Katastrophen,
oder für sinnvolle Werbe-Strophen?

*

Philosophie als Liebe zur Weisheit
stünde von der Chemie gar nicht weit,
so sie ihre Umwelt-Vergiftung bereut!

*

Sind Chemiker als weise einzustufen,
oder werden sie vom Satan berufen
und begeben sich auf dessen Kufen?

*

Können Chemiker auch weise sein?
Nie lud man sie zu einer Prüfung ein:
Ein weißer Fleck auf edlem Schein!

*

Als einer der einstigen sieben Weisen
konnte Thales nichts Chemisches
vorweisen,
er bewegte sich in Geometrie-Kreisen.

*

Pythagoras ging es primär um Magie,
die Pythagoreer folgten ihm mit Akribie.
Kaum enthielt ihre Wissenschaft die
Chemie.

*

Der Grieche Leukipp nebst Schüler
Demokrit
teilten die Theorie des Unteilbaren mit.
Ihr „atomos" begleitet uns noch heute
mit jedem Schritt.

*

Hätte man Sokrates nach Chemie
gefragt,
hätte er eine geschickte Antwort gesagt
oder sie auf späteren Zeitpunkt vertagt.

*

Diogenes in seinem Fass
hätte auch an Chemie keinen Spaß.
Ohnehin wäre auf ihn kein Verlass!

*

Platon erschien die Atomlehre als
Mysterium:
Atome schweben angeblich im
Vakuum?
Das war ihm dann doch zu viel
Kuriosum.

*

Aristoteles wandte sich gegen
Atomismus,
denn seine Beliebigkeit schuf argen
Verdruss,
weil er Wandelbares haben muss!

*

Hätt´ Aristoteles die Chemie gekannt,
wäre er auch darauf gespannt,
manches wäre nach ihm benannt!

*

Er kannte aber die Zeichensprache, Semiotik,
und ordnete sie ein in die Logik.
Zeichen der Chemie sind nicht antik!

*

Was hat der Seneca bloß dem Nero gelehrt,
dass seine Oxidation ganz Rom verzehrt?
Dabei waren seine Worte doch so begehrt!

*

Kopernikus bezeichnete „Revolution"
als entdeckte Himmelskörper-Rotation,
in Chemie vergleichbar mit einer Innovation!

*

Linné sorgte für die Ordnung der Natur,
IUPAC für rechte Chemie-Nomenklatur,
für die meisten jedoch wie eine Kreis-Quadratur!

*

Der Kuss der Chemie

Auf den „Kategorischen Imperativ"
Kants bezogen,
hätten Chemie-Vertreter nie gelogen,
auch nie Gesetze hintergangen und
betrogen!

*

Philosophische Probleme sind nach
Hegel
in der Chemie immer noch die Regel,
für universelle Erkenntnis fehlen ihr die
Segel!

*

Nach Hegels These und Antithese
gelingt eine ständig weiter optimierte
Genese
Über eine und die andere Synthese.

*

Francis Bacon ignorierte den Grund,
fragte nach dem funktionellen Befund:
„Wie fällt was zu Boden?" hieß seine
Kund´.

*

Goethe liebäugelte mit der
Naturwissenschaft,
hatte auch einiges darin geschafft,
aber es mangelte an der Gefolgschaft.

*

Jacques Cousteau erforschte Meere,
die Unterwasserwelt war seine Lehre,
verwies auf die Zerstörungs-Schwere.

*

Karl Marx kannte als Philosoph- Genie
Stand und Aufgaben der Chemie,
verfolgte sie ein Leben lang mit Akribie.

*

Marx las Schorlemmer-Chemiebücher,
denn für Neues hatte er einen Riecher,
und die lieferte Chemie ziemlich sicher!

*

Auch Engels folgte den Entwicklungen,
denn ihr waren Neuerungen gelungen,
hatten ihm wie Musik geklungen.

*

„Wie ein Diogenes können Sie hier in
der Firma nicht herumlaufen! –
Sie sind nicht mehr an der Uni!"

Sprach Jean-Paul Sartre von Chemie,
oder war seine Essenz Phantasie?
Damit meinte er die chemische nie!

*

Karl Popper sprach von Falsifikation,
denn viele Forscher irrten schon,
Wahres erweis sich oft als Illusion!

*

Husserl sah das phänomenologische
Vorgehen,
so wie auch Wissenschaftler die
Elemente sehen,
als erkenntnistheoretisches Verstehen.

*

Als „Vernutzte" in Technik und
Ökonomie
stehen Menschen in Heideggers
Philosophie.
Er verkannte den Nutzen der Chemie!

*

John Rawls lehrte der Gerechtigkeit
Theorie,
sehr bedeutsam auch in der Industrie:
Mehr Fairness als ehrliche Zeremonie!

*

Jürgen Habermas bindet die
Gesellschaft ein,
so muss Chemie lebensweltlich sein,
sonst bleibt Erkenntnis nur Schein!

*

Ernst Bloch glaubte an soziale
Gerechtigkeit:
HOFFNUNG hieß sein Lebensgeleit,
sie macht auch Chemiker zu Taten
bereit!

*

Richard Rorty forderte postmodernes
Denken,
wollte die Blicke auf Wechselwirkungen
lenken,
in die sich Edukt und Produkt
versenken.

*

Im Indirekten, so Jaspers, aller
Akademiker
liege das Unnachahmliche der
Chemiker,
ob Organiker oder Anorganiker.

*

Judith Butlers kritische Gender-Ethik
sucht nach gewaltloser Methodik.
Chemie-Firmen machen sie publik!

*

Was Philosophie der Chemie enthält,
ist noch weitgehend unbestelltes Feld,
das Erkenntnis-Potential bereithält!

*

Wird man sich zukünftig bescheiden,
unnötige- sowie Luxusgüter meiden,
wird auch die Chemie darunter leiden!

*

Können uns Verheißungen verführen,
beginnen wir, Wahrem nachzuspüren,
wird die Chemie Kunden verlieren?

*

„Sie sagten doch selbst, Chef: Wer den Schaden verursacht, muss auch dafür aufkommen!"

Fragen zählen zu den Instrumenten,
mit denen Philosophie-Studenten
ergründen: Was ist hinter Elementen?

*

Empfinden und Handeln
müssen wir immer verbandeln,
weil wir es sonst leicht in banales
Böses verwandeln!

*

Auch Chemiker müssen verstehen,
wie Firmen mit Produkten umgehen
und nicht einfach wegsehen!

*

Der „Wind des Denkens"
und die Kraft des guten Lenkens:
Gründe des Sicherheits-Schenkens!

*

Das Lebensmotto von Hannah Ahrend
war: „Ich will verstehen am End´!"
Eine Devise, die jeder Chemiker kennt.

*

„In Deutschland blühte einst Chemie",
bekundete Russell seine Philosophie,
„dort ist Bildungs-Niveau hoch wie nie!"

*

Geht es in Betrieben auch schlecht,
zu gehorchen hat niemand das Recht!
Nach H. Ahrend ist keiner ein Knecht!

*

Veröffentlichen Firmen Philosophien,
um sich in die Metaphysik zu knien,
sind es doch nur Selbstberäucherungs-
Melodien!

*

Philosophen stellen Fragen:
„Wie weit ist der Konzern-Kragen? –
Was kann er der Menschheit sagen?"

*

Chemie lässt sich effizienter betreiben,
muss sich Denkweisen verschreiben,
um nicht im Aktionärs-Käfig zu bleiben!

*

Chemie-Firmen orientieren sich an
zwei Polen:
Dem freien Miteinander oder mit
Anweisungen, die befohlen.
Aber dann ist die Freiheit gestohlen!

*

Der Amerikaner W. van Orman Quine
wies auf die Hintergrund-Theorien hin:
„Wie ich als Richter der Wahrheit bin!"

*

Der Britische Mathematiker Alan Turing
begründete das „Computer Thinking",
da er der Algorithmen- Entschlüsselung
menschlichen Denkens nachging.

*

Chemie hat die Philosophie entdeckt,
seit ihr Image etwas leckt,
und fehlendes Hinterfragen checkt.

*

Neue Chemie hinterlässt
am Zweifel immer einen Rest,
denn nicht alles steht unbeirrbar fest!

*

Als relativ unbestelltes Feld
hat sich Chemie für die Ethik erhellt,
auf umfassenderes Denken eingestellt.

*

Bei der chemischen Philosophie hat
man mit Geschick
die Strukturen, Ziele und Grundsätze
im Blick,
und kommt auf eine umfassende
Orientierung zurück.

*

Philosophie unterstützt die Methoden,
im sozialen Kontext vom Boden,
ohne die Ökonomie zu brandroden.

*

Mehr über die geistigen Grundlagen
der Chemie nachzudenken,
muss nicht die Ökonomie beschränken,
sondern heißt: In die Zukunft denken!

*

Chemiker, die ganzheitlich denken,
können der Chemie Zukunft schenken,
auch wenn sie noch böse Geister
beschränken.

*

Carl Friedrich von Weizsäcker
schwärmte für die Quanten-Theorie,
bei Heisenberg promovierte das Genie,
so brachte ihn Kernphysik in Euphorie.

*

Putnam zeigte den geistigen Sprung
vom einem Gehirn in Nährlösung
und Computer simulieren Umgebung!

*

Paul Feyerabend, Philosoph der
Postmoderne entlang,
verabscheute den Methoden-Zwang;
seinem „Anything goes!" sei Dank!

*

Welch´ Weises hat Chemikern gelehrt,
aus Erfahrungen zusammengekehrt,
dass man nur noch nachhaltig verfährt?

Nicht allein in Nordrhein-Westfalen
kann man nur mit „Die Chemie stimmt!"
prahlen,
es bedarf auch „Schwarzer Zahlen"!

*

Kluge Chemiker sind Gradmesser,
normale Chemiker „Allesfresser",
die dummen aber wissen alles besser!

*

Im Zuhören liegt der größte Nutzen,
und selbst über Chemiker zu stutzen,
die sich nur dumm herausputzen!

*

Beim beflissenen Experimentieren
lässt sich die chemische Fähigkeit
besser erspüren,
als Assessment -Center analysieren!

*

Edle Chemiker achten ihre Kollegen.
Ihnen ist an Barmherzigkeit gelegen,
stehen sie ihnen vernunftlos entgegen!

15. Gesetze für Chemiker

Chemiker können sich gut beraten nennen,
wenn sie die Gesetze für Arbeitsschutz und Umwelt kennen,
weil sie sonst in die Arme der Justiz rennen!

*

Chemiker haben das Recht zu kennen,
Verordnungen, die Umweltschutz zu benennen
sowie für Arbeitssicherheit zu brennen!

*

Gefahrstoffrecht hat ein Maß erreicht,
das Chemikern das Knie erweicht.
Betriebsleiter haben´s da nicht leicht!

*

Schon das Bundes-Immissions-
Schutzgesetz,
mit den Verordnungen als Fallnetz,
ist undurchschaubar, wie ein Gekrätz.

*

Zu den Verordnungen kommen
Anleitungen,
die sich die Gewerbeaufsicht
ausbedungen.
Die TA Luft ist da sehr detailliert
gelungen.

*

Das Wasserhaushalts-Gesetz, stets
novelliert,
haben nur wenige bis ins Detail kapiert,
weil die EU neue Ausgaben publiziert.

*

„Es wurde auch mal wieder Zeit,
dass einer Polterabend feiert!"

Jede Wasser-Nutzung ist geregelt,
als wenn man auf dem Abwasserteich
segelt,
oder Schadstoff-Belastung auskegelt.

*

Das Abfallrecht machte schon 1995
Furore,
aber mit der Kreislauf-Wirtschaft
schoss es noch keine Tore,
doch der Gesetzgeber hob es auf eine
neue Empore!

*

Abfall-Schlüssel, Abfall-Arten,
man kann ins Schwitzen geraten,
denn Kontrollen sind zu erwarten!

*

REACH gereichte der Chemie zum
Kopfzerbrechen,
schlaflose Nächte und Seitenstechen,
sie musste dafür viel Geld blechen!

*

Anno 2005, fast zur gleichen Zeit,
stand die „Globale Harmisierung"
bereit,
mit dem Gefahrstoff-Management in
globaler Einigkei!

*

Immer wieder erreichen die Staaten
neue Verordnungen von den EU-
Patronaten,
nie versiegen die Regulierungs-Saaten!

*

Oft verpasste unsere Regierung
die Umsetzungsfrist der Regulierung,
zahlte Milliarden zur Sanierung!

*

Das Berliner Bundsumweltamt,
von dem viel an Regulierung stammt,
hat die Chemische Industrie selten
entflammt!

*

„Diese Gesetzes-Grundlagen muss ich
auf meinen Betriebsrungängen stets
dabei haben!"

Selbstverpflichtung, wie „Responsible Care",
zeigte sich als fehlerhaftes Gewehr,
die gibt Kapitalismus nur schwer her.

*

Fallen Anlagen unter die Störfall-Verordnung,
unterliegen sie besonderer Verantwortung,
machen auch an Nachbarn ihre Meldung.

*

In Lagezentren koordinieren Konzerne,
Ereignisse der Nähe und auch der Ferne
mit den Kommunikationsmitteln der Moderne.

*

Der Alarm- und Gefahrenabwehrplan
geht auch die Nachbarschaft etwas an,
weil es böse Ereignisse geben kann.

*

Bei gefährlichen Stoffen, wie Chlor,
sieht man sich besonders vor,
schult Mitarbeiter in Betreib und Labor.

*

Piktogramme zu Gefahrstoffen
sollen auf schnelles Erkennen hoffen,
Informationen dazu stehen für alle
Mitarbeiter offen!

*

Da trotz aller Vorsichts-Maßnahmen
schon Brände und Explosionen
vorkamen,
ist Prävention der rechte Rahmen!

*

Störfallbetriebe haben Berichte zu
verfassen
und den Behörden zukommen zu
lassen,
als Aktenordner in riesigen Massen!

*

Bei Bisphenol A und Glyphosat
macht die Chemie ´nen großen Spagat
zwischen Ökonomie und ökologischem
Rückgrat

*

Firmen-Lobbyisten kämpfen mit
Toxikologen,
kommen präpariert nach Brüssel
geflogen,
und Grenzwerte werden hochgezogen.

*

Die Umwelt-Juristen in den Konzernen
müssen auch stets dazulernen,
denn Urteile von Umwelt-Prozessen
stehen in den Sternen.

*

Ganz heißes Eisen sind FFH-Gebiete,
denn Gemeinden haben die Güte,
Schutz-Zonen auszuweisen, für Tier
und Blüte.

*

Umwelt-Beauftragte und Sicherheits-
Fachkräfte
verfügen über Broschüren und Hefte,
aber kennen sie ihre Geschäfte?

*

Können Seminare und Auditieren,
die Gesetzestreue garantieren,
wenn Gesetzesgeber immer dickere
Pakete schnüren?

*

ESH-Stäbe geben sich alle Mühen,
Betriebsleiter mit ins Boot zu ziehen:
Sie können Gesetzen nicht entfliehen!

*

Damit Belegschaften alles verstehen,
muss man große Seminarräder drehen,
mit Auditoren durch Betriebe gehen!

*

Auch Sicherheit verlangt
Augenmaß, dem der Mitarbeiter dankt,
weil es sonst an Akzeptanz krankt!

*

BITTE GE
ANFAS

BITTE GEL
ANFA∃S

BITTE GELÄN
ANFASSEN

BITTE GELÄNDER
ANFASSEN

TTE GELÄNDER
SEN

BITTE GELÄNDER
ANFASSEN

BITTE GELÄNDER
ANFASSEN

BITTE GELÄNDER
ANFASSEN

Sicherheit in Büro-Gebäuden

Gefahrstoffrecht muss man kennen,
darf Novellierungen nicht verpennen,
am Besten mit den dazugehörenden
Antennen!

*

Gute Sicherheits-Unterweisungen
schützen auch nicht vor Entgleisungen,
aber mindern die Betriebs-Störungen!

*

Neue Gesetze, neue Regeln,
ignoriert nur von üblen Flegeln,
die arbeiten, wie beim Kegeln!

*

Wenn Treibhausgase die Erde erhitzen
und wir in der warmen Sonne sitzen,
werden wir noch vor ganz anderen
Ereignissen schwitzen!

*

Erst REACH zwang die Unternehmen,
sich Parameter-Analysen anzunehmen!
Aber sie klagten, es würde sie lähmen.

*

Auch das Abwasser-Abgabengesetz
fordert genaues Analysen-Geschätz,
sonst verfangen sich die Betriebe im
Kosten-Netz.

*

Die Brüsseler EU-Gesetze,
für Chemiker nicht immer Schätze,
bringen unser Land ins Gehetze!

*

Auf das, was Nachhaltigkeit heißt,
die Bundtland-Kommission verweist,
mit Generationengerechtigkeit umreißt.

*

Gesetze basieren auf Nachhaltigkeit,
aber Schritte zur Umsetzung sind weit,
zudem fehlt ein gutes Stück Einigkeit!

*

Deregulierung war einst in aller Munde,
machte in der Chemie ihre Runde.
Realität wurde nie aus dieser Kunde!

*

Ohne weitere Worte!

Genehmigungen nach BImSch-Gesetz
ergeben ein weites Sicherheitsnetz:
Viele Unterlagen sind vorausgesetzt!

*

Auch die Investitions-Folgen
müssen akzeptiert werden von allen!
Das prüfen Behörden in aller Namen.

*

Hat sich Brüssel wieder eine neue
Novelle ausgedacht
und Unruhe in die Betriebe gebracht,
kann sein, dass eine Produktionslinie
zusammenkracht!

*

Verklagen Anwohner ein Unternehmen,
weil sie glauben, Schaden zu nehmen,
muss man sich zu Aktionen bequemen!

*

Manche örtlichen Satzungen
halten Unternehmen für nicht gelungen
und haben Änderungen ausbedungen!

*

Wollen sich Firmen räumlich erweitern,
wird es sie weniger erheitern,
wenn sie an ausgewiesenen FFH-
Gebieten scheitern!

*

Bei gesetzlichen Änderungen im
Sicherheits- und Arbeitsschutz-Bereich
unterstützen Berufsgenossenschaften
ihre Mitglieds-Unternehmen sogleich
mit Broschüren und Seminaren recht
umfangreich!

*

Gesetze folgen langem Vorbereiten,
wofür auch Firmen-Vertreter gen
Brüssel schreiten
und für Erleichterungen streiten.

*

Die beste Umweltschutz-Technik
rücken die Gesetzgeber in ihren Blick,
trotz der Konzerne Manöver-Geschick!

*

„Auch wenn Sie aus dem Zirkus
kommen, benutzen Sie doch,
bitte, die Treppe!"

Genehmigungen kommen nur langsam
zum Tragen!
Und hat man schließlich alle Papiere
mit Klagen,
kommen die behördlichen Sonder-
Auflagen!

*

Die meisten Gesetze sind in Brüssel
entstanden.
Umgesetzt in den EU-Landen,
werden sie oft nicht verstanden!

*

10 Milliarden Konsumenten auf Erden
wollen einmal alle satt werden,
aber dafür fehlen die Viehherden!

*

Die chemische Industrie hadert mit den
Pestiziden:
Zwar sind die Landwirte zufrieden,
Gesetzgeber aber hätten sie lieber
vermieden!

*

Gewässer, Luft und Böden
lassen Chemiker nicht veröden
und sich nicht kapitalistisch verblöden!

*

Kreisläufe beschreiben Nachhaltigkeit,
anders kommen wir nicht mehr weit:
Für Ressourcenschutz ist höchste Zeit!

*

An den Umweltschutz-Gesetzen
hängen viele Interessen.
Man kann sie nicht vergessen,
führen sie auch nur zu Kompromissen
unterdessen!

*

Was die Chemie zuwege bringt,
den Gesetzgebern abringt,
hilft allen nur bedingt!

*

Wie lange braucht ein Medikament,
bis es eine sichere Zulassung kennt,
und trotzdem Nebenwirkungen nennt?!

*

All Monat neue Regeln und Gesetze,
erweiterte engmaschige Sicherheits-
Netze,
für Unternehmen, Straßen, Plätze!

*

ISO-, EU- und DIN-Ausschüsse formen
neue und ergänzende Normen,
so wie ganze Ordnungs-Reformen.

*

Für den täglichen Weg zur Arbeit
dünkt sich zwar jeder selber gescheit,
aber auch dafür besteht Regel-Geleit.

*

Wer seine Mitarbeiter nicht hinreichend
unterrichtet,
hat im Ernstfall seine Glanz-Karriere
vernichtet,
denn als Chef ist er zu unterbelichtet!

*

Alle Gesetze im Blick zu haben,
zählt heute zu den Chef-Aufgaben!
Davor kann sich keiner vergraben.

Foto: Studio Grün

Prof. Dr. Wolfgang A. Hasenpusch, Hanau
wolfgang.hasenpusch@t-online.de

geboren 1947 in Marne (Schl.-Holst.), 2 J.
BW, Chemie-Studium und Promotion in Kiel,
Hauptabt.-Lt. in der Chemischen Industrie,
Schwerpunkt: Edelmetall-Recycling, Umwelt,
Arbeitssicherheit und Gesundheitsschutz,
Unternehmensvertreter bei der EU, Dozent
und Honorar-Professor an der Uni Siegen,
lange Jahre Dozent und Prüfungsausschuss
bei der IHK, Frankfurt, und DIHK, Bonn,
am Deutschen Institut für Betriebswirtschaft in
Frankfurt/M., an der Hoechst-Provadis-
Akademie sowie in den Ausbildungshäusern
der BG RCI in Maikammer und Laubach.

Wolfgang Hasenpusch

VOLLBLUT-
CHEMIKER

Ein Leben für die Chemie

BoD, 2023, 308 Seiten

12,70 x 1,65 x 20,32 cm